独山玉鉴赏

孟珂　王笑娟　张晓曼　著

哈尔滨出版社
HARBIN PUBLISHING HOUSE

图书在版编目（CIP）数据

独山玉鉴赏 / 孟珂，王笑娟，张晓曼著 . –– 哈尔滨：
哈尔滨出版社，2024.1
ISBN 978-7-5484-7134-9

Ⅰ . ①独… Ⅱ . ①孟… ②王… ③张… Ⅲ . ①玉石—
鉴赏—南阳 Ⅳ . ① TS933.21

中国国家版本馆 CIP 数据核字 (2023) 第 051077 号

书　　名：**独山玉鉴赏**
DUSHANYU JIANSHANG

作　　者：孟　珂　王笑娟　张晓曼　著
责任编辑：刘　丹
封面设计：金作家图书

出版发行：哈尔滨出版社（Harbin Publishing House）
社　　址：哈尔滨市香坊区泰山路 82-9 号　　邮编：150090
经　　销：全国新华书店
印　　刷：河北赛文印刷有限公司
网　　址：www.hrbcbs.com
E-m a i l：hrbcbs@yeah.net
编辑版权热线：（0451）87900271　87900272

开　　本：787mm×1092mm　1/16　印张：10.25　字数：196 千字
版　　次：2024 年 1 月第 1 版
印　　次：2024 年 1 月第 1 次印刷
书　　号：978-7-5484-7134-9
定　　价：48.00 元

凡购本社图书发现印装错误，请与本社印制部联系调换。
服务热线：（0451）87900279

前　言

　　独山玉作为中国的四大名玉之一，也是我国最古老的玉种，当玉文化在中华大地上刚刚萌芽时，独山玉就以其独有的魅力，在异彩纷呈的中国古代玉器百花园中一枝独秀，芳香四溢，被誉为"东方翡翠"，名扬华夏，声播海外，在中国玉文化发展史上有着举足轻重的地位。黄山遗址是一处仰韶文化、屈家岭文化、石家河文化玉石器制作特征鲜明的中心性聚落遗址，在南阳盆地已发现的遗址中面积最大、规格最高、内涵最丰富。"渎山大玉海"是中国玉文化发展史上的里程碑，是迄今发现最大的一件古代宫廷传世玉器。南阳独山玉雕主要是以色彩多样闻名于世，因其色彩中的俏色而显得弥足珍贵，同样也由于其外观五彩斑斓而具有无穷的魅力，并与河南南阳当地的文化特点进行了有机融合，形成了独树一帜的"中原风格"。深入研究独山玉及独山玉雕相关的理论知识，对于提高独山玉在玉器收藏市场的知名度，推进独山玉产业走可持续发展之路意义重大。

　　本书在综合前人研究的基础之上，从独山玉文化和历史入手，深入浅出地介绍了独山玉资源概况、鉴定、命名与分类、质量等级评价、独山玉雕的加工工艺及特色、独山玉的可持续发展以及独山玉收藏等方面的知识，图文并茂地展示了独山玉古往今来的风采，让读者能够更全面地了解独山玉文化的发展史，为其鉴赏和收藏独山玉提供参考。

　　全书共八章，其中孟珂负责第一章、第八章内容；王笑娟负责第二、三、四章内容；张晓曼负责第五、六、七章内容，全书由孟珂统稿。

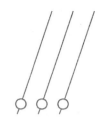

目　录

第一章　独山玉文化与历史

第一节　关于独山玉，有一个美丽的传说

《礼记·玉藻》中说："君子无故，玉不去身。"对于向来崇尚君子之风的中国人来说，拥有一块好玉，不但是身份地位的象征，同时也能衬托出其内涵和品味。拥有悠久深厚玉石文化的中国不仅是一个好玉的国家，也是一个盛产玉的国家。其中，新疆的"和田玉"、湖北省十堰市郧阳区（古郧县）等地的"绿松石"、河南南阳的"独山玉"及辽宁岫岩的"岫玉"，被誉为"中国的四大名玉"。

南阳独山玉质地细腻，色泽丰富，有数十种颜色，其硬度仅次于缅甸翡翠。独山玉玉镯更如出水芙蓉一般，光洁圆润，惹人怜爱。有的如青丝缠绕，有的如墨染流年，有的如星海灿烂，有的如天仙下凡……

独山玉越来越受消费者的喜爱，不仅仅是因为独山玉玉质独特、色彩丰富，更重要的是，关于南阳独山玉还有着一个美丽的传说。

传说很久以前，一群寻玉的人走到了南阳城北的独山脚下，他们在一次次寻找失败之后，又渴又累，沮丧至极，一屁股坐在了几棵古树下，都说再也不寻玉这种东西了，并认为南阳可能根本就无玉。没想到就在他们歇息的时候，忽见不远处出现一头浑身发着翠色光晕的牛，众人觉得新奇，此处何以会有这种毛色的牛？于是，他们便起身走近去看。那牛见众人起身，扭头就向山坡上的一处石壁前走，众人紧跟着，想着牛到石壁前必然停步，未料那牛走到石壁前，头一低，竟轰然一下钻进了石壁里。众人惊住，待凝目细看，却发现在牛钻进石壁的地方，竟散落着许多精美的玉块，有白玉、绿玉、黄玉、紫玉、红玉和黑玉。众人大喜，原来那牛是一只玉牛，是引领他们来发现这玉矿的……

自此，南阳人开始在独山采玉，并将这种洁净度和硬度很高的玉石，命名为独山玉。独山玉的发现，为华夏大地上的玉石家族增添了新的成员，同时，也使

1

南阳的玉雕业开始兴盛发达起来。到汉朝，独山脚下已出现了玉街寺，人们开始用各种工具对独山玉石料进行加工，生产出各种各样精美的礼器、用品和饰物。东汉张衡在《南都赋》中，曾盛赞家乡南阳的美玉"其宝利珍怪，则金彩玉璞，随珠夜光"。元世祖忽必烈在即将统一中国之际，命几百工匠用独山玉雕刻了一个巨大的盛酒器物"大玉瓮"，该瓮呈椭球形，内空，可盛酒300余石。元世祖就用这个玉酒瓮，在统一中国后大宴群臣。此瓮后置于北海广寒殿中，如今陈列于北海公园的团城。

图1-1　独山玉《螳螂捕蝉》摆件

到明朝末年，南阳的玉雕业从业艺人已达千人，当时南阳城的许多街巷里，都有玉雕艺人在忙碌，他们多是后房前店，自产自销。到清朝，南阳玉器的声誉更高，西域的许多商人尤其印度玉商，不再满足于中间经销商的供货，而是不远万里，亲自到南阳购买玉器。

采日月之精华，集天地之灵气而生的南阳美玉，代表着纯洁、坚贞、高贵、平安和吉祥，已成为中华文明的载体之一。过去，它陪伴着我们的先祖走过历史的长河；今后，它还会伴随着我们走向美好的未来。

第二节 独山玉文化发展史

独山玉是我国最古老的玉种，当玉文化在中华大地上刚刚萌芽时，独山玉就以其独有的魅力，在异彩纷呈的中国古代玉器百花园中一枝独秀，芳香四溢，被誉为"东方翡翠"，名扬华夏，声播海外，在中国玉文化发展史上有着举足轻重的地位。

一、史前时期独山是中国玉文化的中心地区之一

四五十万年前的更新世中期，距离独山仅 60 公里的"南召猿人"就繁衍生息在南阳这块富饶的土地上。距今一万年左右的新石器时代早期，今南阳境内就有一"宛"部落。居住在独山周围的原始先民在漫长的上山狩猎、采集果实、采集石料、打制劳动工具的过程中，逐步对独山玉有了进一步的认识和了解，开始了自然采集和自觉采集并存的原始小规模开采。随着原始手工业的发展，磨制工艺的发明，造就了一批兼职的专业性琢玉工匠，极大地推动了玉雕业的发展。到了六七千年前的新石器时代中早期，独山周围的先民已经掌握了磨制和钻孔工艺，能够把玉石从一般石料中分离出来，选择出美丽温润的独山玉，进行分类设计、加工，磨制成玉斧、玉铲、玉凿等生产工具及玉镯、玉璜等装饰品和礼器，较早地步入了中国玉文化的殿堂。

1959 年 1 月，原河南省文化局文物工作队对位于独山以南约 5 公里的黄山新石器时代遗址进行了考古发掘，出土了琢玉工具石砣，完整的独玉铲、独玉凿、独玉璜、独玉簪，未加工的玉料及未成形的玉镯、玉璧、玉环等半成品，均为仰韶文化遗存。独玉铲为绿白独山玉，上部有一穿孔，孔洞极圆。另外，还在南阳市的南召、淅川、镇平、新野等县及周边地区发掘和发现了同时期的独玉璜、独玉环、独玉坠等多种器物。

根据出土独山玉的位置及状况证明：新石器时代中早期，已对独山玉就地取材，就近加工，普遍打制或磨制成玉器，独山周围玉器作坊已初具规模。黄山遗址很可能是一处较大的独山玉加工基地，已形成以独山为基础，辐射中原地区的玉文化中心。不仅玉器种类丰富，而且工艺先进，处于中国玉文化发展的领先地位，为玉文化的传播、发展注入无穷的活力。更为重要的是，独山玉器在中华文

明初露曙光时大量出现，为后人探索中华文明的起源及史前文化提供了珍贵的实物资料，打开了这一研究领域的新天地。

二、夏、商、周时期独山玉文化是中国玉文化传承的代表

在夏文化的探索中，二里头文化遗址是迄今发现的最具代表性遗址，出土的玉器能够反映夏代玉器的大致面貌，因此研究夏代玉器，目前为止主要是研究二里头玉器。二里头遗址出土玉器数量大，礼器和装饰品居多，玉质大多色泽青灰、灰黄、灰白等，质地混合，浓淡深浅不一，大部分为独山玉。

至夏代，独山玉的开采已有四五千年的历史，独山成为中原最古老、最大的玉产地，品种齐全，工艺先进。独山距偃师二里头遗址不足300公里，道路畅通，受当时交通条件的限制，夏王朝统治者很难从更远的地方得到优质的玉材，独山玉以其运输便利、质地细腻而成为首选。

商代独山玉的开采除原始的在地表开挖矿坑之外，已开始在天然的山洞寻找矿脉，打凿玉料，掘取深层玉材，采掘量大大增多。独山脚下已形成专门琢玉的手工业作坊，涌现出了一批技艺精湛的奴隶玉工。独山玉一部分供本地贵族享用，其余则向商王朝进贡。殷墟妇好墓玉器多属独山玉，四川广汉三星堆、江西新干大洋洲商墓玉器中也有部分属独山玉。另外，在湖北黄陂、河南南阳地区也出土多件独山玉器。

商代后期，政治和文化中心在河南安阳。南阳地属中原地区，交通便利，且殷商中期曾经是苑侯的封国，是武丁"奋伐荆楚"、控制西南地区少数民族的门户和前哨阵地。有关丝绸之路开通前和田玉如何输入中原的研究目前仍未有新的进展。殷商作为"邦畿千里"的大国，它的政治、军事、经济、文化影响已经扩展到遥远的边区和外域。

因为独山较之和田、岫岩，特殊的地理位置，提供了便利的运输条件。水运发达，经白河、汉水直达长江，西上入川，东下至赣，陆路由荆襄古道也可以达长江。加之中原与西蜀、东南文化交流，民族融合，因此，独山玉被广泛地接受和使用。

从西周起，用玉已步入政治化、制度化、规范化，形成了完整的礼乐制度，将中国玉文化的成果融入了儒家学术的范畴，正式载入国家的典章制度，成为中国玉文化的一次历史性飞跃。自此以后，礼乐圣坛上不可无玉，表现血缘亲疏关系和等级高下不可无玉，祭祀神灵及典章制度不可无玉，象征人伦道德、社会风貌也以玉为主，甚至为争夺一块美玉不惜发动战争。

西周时，周王朝始终把南阳作为稳定东南局势的重地。周宣王七年（公元前821年），周宣王把他的舅父申伯封至谢地（今南阳），王化南土。独山脚下的申城开始设置王府，有玉人专门管理玉材储备、加工制造。春秋战国时，南阳为南北进军的战略要地，曾为楚国争霸中原、饮马黄河的阵地。南阳为著名的手工业和冶铁中心，冶铁技术处于全国领先水平，极大地促进了琢玉工具的改进，推动了南阳玉雕业的发展。

特别是南阳首先发明了脚踏砣子代替落后的手工磨制，提高了生产效率和工艺水平。玉雕业除官府和"豪民"经营的大作坊外，独山周围开始出现家庭作坊和独立加工、经营的个体手工作坊和商户。他们就地取材，精工细雕，除纳贡之外，还把玉料和成品作为商品进入流通领域，满足其他诸侯国的需要，并为其带去先进的生产工具和技术。

综合夏、商、周时期独山玉采掘、加工流通呈现出的繁荣局面，足以表明：夏代独山玉在玉文化发展中起了承上（新石器时代）启下（商周）的作用，砣轮的发明是中国工艺史上一次技术革新，使琢玉工艺从石器工艺中彻底分离出来，形成独立的手工业门类；商代的独山玉加快了玉文化的传播速度，率先发明的圆雕、俏色等工艺，使琢玉技术突飞猛进；周代独山玉促进了南北玉文化的融合，提供了先进的琢玉工具和技术，实现了玉文化与儒家文化的结合、升华，推动了中国传统文化的进程。

三、两汉以后，独山玉是民玉的主流

汉代玉材的种类和数量随着汉帝国的强盛和疆域的扩大而更加丰富。丝绸之路的开通，开辟了新疆和田玉进入中原的通道，和田玉受到达官贵族的青睐，成为官方的主要用玉，而独山玉则成为民间用玉的主流。南阳特殊的政治地位和繁荣的工商业，使得独山玉的开采、加工达到了历史上最高峰。西汉时，南阳为南北交通的中枢，富商大贾云集，和京都长安、洛阳、邯郸、临淄、成都并称为全国六大商业城市，有"商遍天下""富冠海内"之称。东汉时，光武帝刘秀"帝业"起于南阳，号称"南都"，工商业发展到鼎盛时期，与京都洛阳并称全国两大中心城市，南阳为"既丽且康"的乐都。独山玉雕作为南阳悠久的手工业技术，此时也步入黄金发展期，独山脚下的沙岗店村是加工、雕琢、销售独山玉的集散地。琢制精美的独山玉器不但王公贵族争相佩戴，而且也成为文人君子的喜好之物。

三国魏晋南北朝时期，是独山玉器发展的低潮。南阳"南蔽荆襄"的重要军

事地位，使其战火连绵，独山脚下的"玉街寺"也被夷为平地，琢玉技术高超的玉工或遭屠戮或逃难他乡，南阳的玉雕业从此一蹶不振，独山玉的开采加工走入低谷。加之"餐玉"思想漫延，使本来就低迷的制玉业更是雪上加霜。唐代的南阳，随着国家经济的繁荣，手工业、商业逐渐得以恢复，独山玉经过漫长的沉寂之后，走出低谷，又步入了一个新的发展阶段，创造出了独山玉的新造型、新工艺，更加贴近生活，适合一般民众的需求。在玉石资源开采利用方面，宋代琢玉技术较前人有了很大提高，并在宫廷中设立了"玉院"。元代对玉石资源的开采利用也非常重视，民间玉业特别发达，玉器流行，并以镶嵌金银而不留痕迹著称。南阳独山玉的开采自汉代至元代一直较盛，玉料还供给"玉院"使用。史书记载，公元1265年，元世祖忽必烈命令工匠耗费10年的时间，用一整块珍贵的玉石雕成一尊高70厘米，周长493厘米，重达3500公斤的"渎山大玉海"，用来盛酒大宴群臣。这件作品外壁雕满了神态自然、栩栩如生的蛟龙、海马、海猪、海羊、海螺、飞鱼、青蛙等动物，以及兔首鱼身的异兽，造型精美，雕刻细致。根据专家考证，"渎山大玉海"正是由一整块被誉为"中国四大名玉"之一的南阳独山玉雕刻而成，体型之大，举世罕见，堪称"镇国玉器之首"。宋、元时期，玉器已经作为商品进入流通领域，成为寻常百姓的偏爱之物。独山玉料被大量运往苏、杭等制玉中心，独山周围、宛城之内及镇平石佛寺等地遍布玉雕作坊，吸收各地琢玉技术，产品销往东南沿海及海外。明清时期，和田玉仍是宫廷用玉的首选，特别是乾隆皇帝的喜爱起了推波助澜作用。到清中期，独山一带"玉雕之乡"已初步形成，镇平石佛寺的民办玉雕作坊达100多家。

"丝绸之路"开通之后，独山玉的"民玉"身份凸显，为挖掘提高传统的琢玉技术，培养、储备高超的玉雕人才，扩大用玉范围，弘扬、传播玉文化发挥了巨大的作用。纵观独山玉的发展轨迹，经历了神玉——王玉——民玉三大阶段，虽然每个历史时期的开采规模、琢玉技术不同，但是独山玉始终扮演着重要角色。

第二章　独山玉资源概况

第一节　独山玉矿床的地质特征和成因

一、独山玉矿床的地质特征

南阳城北两公里处，平坦原野上，一山兀然隆起，不与任何山脉牵连，行政区划上属南阳市卧龙区七里园乡，它为伏牛山脉之东延低山，是南阳盆地九座孤山之一，故称独山。独山玉矿区位于秦岭造山带的东部，南临扬子板块，北倚华北板块，整个矿山为深成侵入的辉长岩体，被称为独山岩体。独山岩体属加里东晚期侵入岩，同位素年龄值在 3.21 亿年～3.83 亿年。岩石主要成分为次闪石化辉长岩。根据钻孔资料，独山岩体总面积在 40 平方公里左右，我们看到的独山只是该岩体的 1/20。独山岩体呈椭圆状出落于地表，海拔 367.8 米，面积大约有 4 平方公里。独山玉矿体主要为规模大小不同的脉状，其次为透镜状。秦岭造山带不同时代、不同环境的复杂地质构造演化催生了独山岩体，并带动岩体中的岩石发生变形、变质，最终造就了美丽的独山玉。独山玉矿位于河南南阳盆地北缘，地处秦岭纬向构造带南部亚带与新华夏联合复合部位。独山玉矿属高中温热液矿床，为岩浆期后热液于岩体破碎带中的多期、多阶段的充填及交代作用形成。

独山岩体属于铁质基性岩，以蚀变辉长岩为主体，其次为次闪石化辉

图 2-1　独山玉旧采矿场

石岩、斜辉橄榄岩、闪斜煌斑岩及次闪石化角闪岩。岩体普遍受碎裂岩化、糜棱岩化和强烈蚀变。矿体呈脉状产出（占70%），次为透镜状、团块状、网脉状和分支脉状。其矿床形成主要是由于斜长岩浆期后热液在温度350～430℃及低压下充填交代辉长岩和斜长岩裂隙沉淀而成，应属高—中温热液矿床。

二、独山玉矿床成因

独山玉矿的形成经历了三个阶段，是岩浆分异—动力变质作用—热液蚀变作用的综合产物。在岩浆后期，由于结晶分异，成分基本与斜长石相同的岩浆在同期构造裂隙中充填结晶，形成斜长岩脉，由于后期动力作用岩石破碎，为热液活动提供了通道和滞留空间，构造带两侧的斜长岩脉矿物在热液作用下蚀变、重结晶而成矿。

（一）岩浆分异作用：太古代，中朝板块和扬子板块尚未拼合，地壳较薄，任何轻微的搅动都可能使地幔以底辟形式上升，当上升到一定深度，底部发生5%部分熔融，当时封闭的环境使得底辟沿绝热线上升形成超基性岩浆，该岩浆在薄地壳深断裂下直接从海底喷发形成科马提岩。岩浆在冷凝过程中，各组分在岩浆熔融体中按一定顺序先后结晶析出，并导致液相成分改变，这就是岩浆结晶分异作用。岩浆结晶分异时有用组分的析出有两种方式：

图2-2　独山玉矿洞

1. 在岩浆中首先结晶。在岩浆中最早结晶的金属矿物为自然铂（比重14—19）、钛铁矿（4.72）及稀有元素矿物。与其同时结晶或稍晚于它们结晶的硅酸盐矿物为含铁镁高的橄榄石（3.18—3.57），辉石（3.38），斜长石（2.63—2.76）。

2. 结晶分异的另一个途径，是大量金属元素与挥发分组分结合，形成易溶的化合物，降低了结晶温度，它们在岩浆熔融体中一直停留到主要硅酸盐矿物结晶之后，最后从晶间的残余岩浆中结晶出来，充填在早期结晶的硅酸盐矿物颗粒之间。辉石岩、斜长岩形成于古生代以前，属于蛇绿岩套的一部分。早古生代末，中朝板块和扬子板块发生碰撞，海洋中已沉淀大量沉积物，壳层加厚，大量底辟上升，当底辟上升到深度约150千米，部分熔融程度达30%的玄武岩浆，在开放系统中沿非绝热线上升，由于黏度大，堵塞岩浆上升通道，从而形成上部岩浆房，又进一步分异为辉石、辉长岩浆及斜长岩浆。在岩浆后期，由于结晶分异，成分基本与斜长石相同的岩浆在同期构造裂隙中充填结晶，形成斜长岩脉。

图2-3　独山玉天蓝料矿石

（二）动力变质作用：独山玉矿区主要位于中朝板块和扬子板块之间的接触地带，长期的构造运动，尤其是后期的动力作用使岩石糜棱岩化、碎裂，为热液活动提供了通道和滞留空间。

（三）热液蚀变作用：构造带两侧的斜长岩脉在热液作用下发生矿物蚀变、

重结晶而成矿。其中早期侵入的辉长岩在蚀变作用下形成次闪石化辉长岩和变辉长岩，为独山玉主要的成矿母岩。此外，由于热液从围岩及围岩蚀变过程中吸收 Ca^{2+}，Cr^{3+}，Fe^{2+}，Ti^{2+} 离子，玉石颜色从无色到翠绿，再到紫色。

三、独山玉矿脉特征

独山玉矿体属于分布不均匀却又成群出现的小脉状矿体，矿体主要赋存于次闪石化中粗粒辉长岩中，为蚀变的斜长岩脉，当钠黝帘石化斜长岩在局部地段集中产出，成群分布，呈带状延伸，便形成玉脉密集带。玉脉主要分布在独山岩体边部的隐伏断裂的次级张性小断裂带或裂隙中，玉脉受构造严格控制，有密集带延伸向岩体内部，随着岩石应变强度的递减或辉长岩变形强度的减弱，玉脉的分布由密变疏。玉矿体在密集带中的分布具近等间距成群成带的特点。玉矿体的密集分布与热液蚀变，特别是次闪石化、钠黝帘石化作用关系密切。

第二节　南阳独山玉矿概况

图2-4　南阳独山远景图

根据地矿部门的勘察结果，按已探明的储量估算，独山玉储量总计在20万吨左右。远景储量巨大，目前仅圈定了东西两个矿带并计算了含矿系数。截至2021年底，保有玉石量17271万吨，其中西矿带现保有储量2528吨，东矿带现保有储量14743吨，独山玉为限制开采矿种，矿山年开采限量100吨。

南阳市独山玉矿有限公司是独山玉唯一合法开采企业，始建于1958年，是我国玉器雕刻行业的原料供应基地，河南省首批省级绿色矿山试点单位之一。拥有矿区面积1.7071平方公里，矿区基本覆盖整个独山。0号矿洞是1982年所开，0号矿洞上方还有多个采空的老矿洞，独山新老矿洞最多时有上千个，现在绝大多数都封填了。

独山岩体中共发现玉脉406条，主要分布于辉长岩体断裂破碎带内，呈"鱼群"状产出。独山玉是稀有的"多彩玉"品种，不同色调的玉脉带大致呈平行分布，并自边部向中央呈现出淡—浓—淡的渐变过渡关系。0号矿洞展现了独山玉的原始赋存特征和蚀变规律，五颜六色的玉脉如同条条彩带镶嵌在灰黑色的辉长岩中，具有极高的观赏和科考价值，为具有典型意义的珍稀级矿业遗迹。遥想6亿年前，岩浆热流像彩色鱼群自由穿行在岩石裂隙中，凝固成条条玉脉，凝固成一种永恒。

图2-5　独山矿洞内景

独山山体浑圆，白河从山南侧流过。从表面看，它孤独单调，没有拔地而起的高峻，没有层峦叠嶂的险峻，但独山如璞，内蕴美玉，如光华内敛的美人，反令人心生向往。盛夏入独山，山上植被茂密，长满麻栎黄荆，烈日当头暑气蒸腾，独山似有玉香浮动。

山有多高水就有多长，山有多厚水就有多润，独山上至今仍有渗透下来的泉水，富含硅、钙等微量元素。

矿洞内铺设巷道道轨，矿洞顶高不超过两米，顶部布设高压线，顺着道轨，沿着平行巷道往山腹中走，矿洞通风良好，地面干爽，穿过一段砖砌隧道，再往前走，两侧都是冷硬岩壁。越往里走，洞内温度越低。靠近作业面时，地面出现积水，风钻声音一停，能听到采矿工人的高靿胶鞋沉重地踏在积水上的声音。

采矿工人乘坐笼罐车下竖井，笼罐车勉强能挤进三个人，竖井立陡垂直向下，越往下行，抽风机噪声越大。下到深达 100 米处，出笼罐车，来到作业面上，巷道纵横交错，高度降低，零星的电灯泡发出黯淡的光，矿工用手电照亮四周冷硬的黑灰岩石，灰白色线状玉脉水平延伸十余米长，窄处如记号笔描的粗线，最宽处膨大到一个手掌宽。此处所在，已是深深山腹内，在这儿工作，会颇感压抑。

我们在玉器市场见到无数独山美玉，天蓝玉艳绿，芙蓉红玉热情奔放，绛紫玉丰润成熟，水白玉晶莹润白，墨绿玉古朴厚重，多色交辉，令人目不暇接。而独山玉的开采，即便在科技进步的当下，也属不易。

和田玉亦如此，《太平御览》记载："取玉最难，越三江五湖至昆仑之山，千人往，百人返，百人往，十人返。"

图2-6　独山矿洞内景

图2-7　运输独山玉矿石的小车

第三节　独山玉资源开采历史

　　独山玉开采利用历史悠久，南阳黄山遗址出土文物证明六七千年前已有古人采用独山玉的历史。独山玉开采利用有文字记载始于东汉，但过去仅限于地表开采。1959年，黄山遗址出土了5件独山玉玉制品，其中号称"中华第一铲"的独山玉铲最为令人瞩目。黄山遗址的发现让考古界认定黄山遗址是一处区域性的玉器加工中心。那个时候，独山玉开采多以裸露表层开采为主。

　　20世纪50年代以前，生产力比较落后，独山周边群众都是以挖地窖的形式采掘独山玉。独山地区开始通电是在1964年，在缺少电力、黄色炸药的年代，采玉人多是采用黑炸药进行独山玉采掘，人工打炮眼，采掘50厘米深就需要3～5天。

　　1958年南阳市独山玉矿成立之后，从20世纪70年代初开始采用地下开采方式进行生产，在1995年以前主要集中在独山西南坡海拔185米以上开采，采用平硐的方式开拓。1995年以后采用平硐和暗斜井方式开拓，主要集中在海拔108米以上开采，开采难度逐年加大。到2018年底，玉矿完成了东西区两个矿井建设，形成了东区以平硐和盲斜井方式开拓，西区以平硐和盲竖井方式开拓的两个生产系统，西区主要集中在海拔85米以上开采，东区主要集中在海拔43米以上探矿。现阶段玉矿规模化的玉料采场共有3个，其中杂色玉石采场2个，玉石质量一般，玉石以加工工艺品为主，少量玉石可以加工挂件。白独玉采场1个，玉石比较细腻，水头较足，质量较好，但是玉矿玉体较窄。

第四节　独山玉开采特点

一、资源储量小

独山玉资源密集带主要涵盖东、西两个采区。西采区是老独山玉矿的主采区，辖区0.48平方公里，主矿井为0号矿洞。东采区原为南阳市储备矿区，2011年1月根据国土资源部（现为自然资源部）关于资源整合的相关政策，市国土资源局（现为自然资源和规划局）将东矿区协议出让给独山玉矿有限公司。2014年3月，独山玉矿有限公司取得新的采矿证，将东西两个采区进行了整合。至此，独山玉矿区面积达到了1.71平方公里，几乎涵盖了整个独山主体。

由国土资源部出具的《河南省南阳市独山玉矿有限公司东、西矿带资源储量整合报告》中提到的独山玉储量20万吨是一个大致数据，对于偌大的中国玉文化消费市场而言，其总量还是很小。玉石储量的多少还要根据成矿系数进行系统估算，而独山玉成矿系数是0.07%，可以想象独山玉实际存量不会太大。

二、开采受限多，开采量小

根据地质专家的推测，独山玉矿上部的玉石储量大、质量好，特别是二十世纪七八十年代出矿的白天蓝，0号洞、2号洞、3号洞垂直采矿80米，出产的玉料都不错。从现有采矿作业实际情况来看，玉矿随着深度的增加，玉石矿脉呈趋少之势，越深玉脉越稀疏，且单个矿脉规模小。现在出矿的原材料白天蓝质地的玉矿非常少，发现的绿矿更是星星点点。有专家指出，下一步新出的独山玉原材料可能量少质还不太好。

目前，独山玉的开采主要集中在西坡，东坡建了盲斜井以后，从2018年9月开始，前后陆陆续续已投入400多万元人民币，截止到2019年8月还没有见效。巷道掘进500多米，一直没有见玉苗。从2020年3月开始，投入百米攒钻机，还是没有见到玉苗。从玉矿几十年的开采经验来看，随着玉石开采深度的加大，玉石的总体质量在变差，数量在递减，这基本已成事实。

国土资源部规定的采掘独山玉上限为每年100吨。这100吨是什么概念呢？一立方的独山玉原石实际重量为2.7～3.3吨。大家可以算一下这100吨到底有多少原石？所以说独山玉开采量非常少，从而决定了独山玉只能是一个小玉种。

三、独山玉绺裂多

河南省玉石雕刻大师张全宝提出，独玉绿白的和白天蓝的原料存在绺裂多的问题，制约了独山玉的设计创作。独山玉原矿材料绺裂多，这是不争的事实，这里面既有人为的原因，也有天然的原因。

熟悉玉矿的人都清楚东采矿区出产的石料比较差，这是自然的原因所致。人为造成绺裂多是发生在采矿环节。

独山玉采取的开采方法是空场化开采，遇到玉脉需要在6个面打出来5个菱形空面，打1～2个空眼放置黑火药进行开采。以往独山玉玉石开采是利用黑火药，该工艺比较成熟，这也是前些年玉矿出产的玉石质量不错的原因。近些年，由于河南省烟花爆竹产业政策的调整，黑火药已被禁止在市场上售卖，公安部对黑火药使用有"严禁跨境运输"的严格规定。尽管河北、山东等地都有黑火药，但没有人敢私运，运输成为很大的问题。所以，在没有解决黑火药资源短缺和新的采矿工艺尚不成熟等问题之前，采矿环节独山玉的材质到底会受到什么影响，还是一个未知的问题。

为了探索新的采矿工艺，独山玉矿有限公司委托中国矿业大学研制黑火药替代品，目前正处于实验阶段，新的采矿工艺也尚在不断完善阶段，黑火药替代品和新的采矿工艺成熟还有待时日。目前，从有效满足独山玉设计师对各类独山玉石原料的需求方面来讲，现阶段独山玉石品种结构比较单一，尚不能很好地满足设计师们的需求，独山玉矿有限公司有待进一步调整生产结构，加大探矿力度。

第三章 独山玉鉴定

第一节 独山玉的矿物组成

独山玉是一种黝帘石化斜长岩,其所含矿物种类较多,主要矿物有斜长石、黝帘石、白云母(含铬)、纤闪石等;次要矿物有普通辉石、黑云母、阳起石等;微量矿物有透辉石、楣石、铬铁矿、金红石等。不同颜色的独山玉主要矿物成分有差异,见下表。

表3-1 独山玉矿物成分及结构构造表

颜色	矿物成分			结构构造	
	主要矿物	次要矿物	微量矿物	结构	构造
翠绿、草绿、天蓝、墨绿	基性斜长石(80%~85%)	白云母(含铬)(5%~10%)、纤闪石	楣石(1%~3%)、金云母、黑云母、透辉石	溶蚀交代等粒	块状、弱定向、条纹状、条带状
绿白	黝帘石(70%~75%)、基性斜长石(15%~20%)	透辉石(3%~5%)	阳起石(1%)、楣石(1%~3%)	溶蚀交代残余糜棱碎裂	块状、弱定向
白色	基性斜长石(85%~90%)、黝帘石(10%~15%)	透辉石、白云母	方解石、绿帘石	溶蚀交代	块状、弱定向、放射状
褐色	基性斜长石(90%~95%)	黝帘石(3%~5%)	黑云母(1%)、阳起石(1%)	溶蚀交代斑状	块状、条带状

续表

颜色	矿物成分			结构构造	
	主要矿物	次要矿物	微量矿物	结构	构造
粉红色	黝帘石（85%～90%）、基性斜长石（10%～15%）	榍石（1%～3%）	白云母	溶蚀交代	块状、弱定向
黄色	基性斜长石（70%～75%）、黝帘石和绿帘石（25%～30%）	阳起石（少量）	榍石（少量）	显微花岗变晶	块状
青色	基性斜长石（85%～90%）	透辉石（5%～10%）、黝帘石（3%～5%）	榍石（少量）	纤维交织	块状、弱定向
黑色	纤闪石（80%～90%）	基性斜长石（3%～5%）	黝帘石（1%～3%）	溶蚀交代	块状
花色	基性斜长石（80%～85%）	纤闪石、黝帘石	阳起石、白云母	溶蚀交代残余碎裂粒状	块状、弱定向

第二节　主要鉴定特征

化学成分：不同颜色的独山玉主要矿物成分有差异，主要化学成分为 SiO_2、Al_2O_3 和 CaO，含有 TiO_2、Cr_2O_3、FeO、MnO、MgO、Na_2O 及 Co、Ni、Sr、V 等微量元素。

结晶状态：晶质集合体，常呈细粒致密块状。

颜色：蓝绿、白、粉红、褐、绿白、黄、青、黑；常见两种及以上颜色呈浸染状、条带状间杂分布。

光泽：玻璃光泽，少见油脂光泽。

摩氏硬度：5.5～7。

密度：$2.70g/cm^3$～$3.25g/cm^3$。

光性特征：非均质集合体。

折射率：1.56～1.70（点测）。

荧光观察：无至弱白、弱红。

紫外可见光谱：蓝绿色具 628nm 吸收带，684nm 吸收线。

放大检查：纤维粒状结构、变晶结构、交代结构等，可见点状、团块状、丝状暗色矿物，针状包体。

红外光谱：中红外区具独山玉特征红外吸收谱带。

特殊性质：蓝绿色独山玉查尔斯滤色镜下显红色。

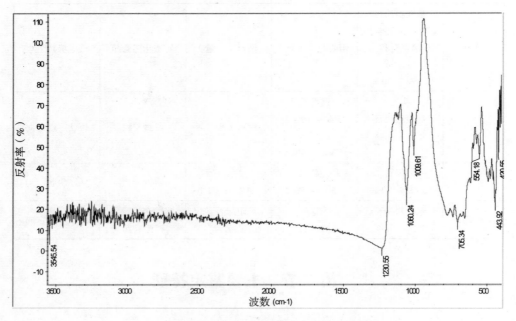

图 3-1　独山玉红外反射光谱图

第三节　优化处理鉴定特征

随着独山玉在国内外市场的知名度逐步提高，天蓝、翠绿、红独玉等高档玉料由于开采量和储量日益减少，近几年来价格增速更是惊人。资源的稀缺，让一些不良商家在利益的驱动下，不择手段地作假，因此市场上出现了用低档独山玉原料经过染色、拼合、充填、浸蜡等优化处理手段来冒充高档独山玉料的造假行为，让不明真相的消费者上当受骗。在此提醒消费者，擦亮双眼，慧眼识真玉。下面将优化处理的鉴定特征总结如下：

一、无色油、蜡充填

市场上很多独山玉没有经过抛光，商家通常会用液体石蜡或橄榄油进行浸泡，从而增加光泽度，让其看上去油润，同时还能够起到掩盖裂隙的作用。

浸蜡的独山玉表面带有蜡状光泽；浸油的样品可污染包装物，热针接触可有油析出；紫外荧光灯下观察可见蓝白色荧光。

二、环氧树脂充填处理

市场上出现的独山玉充填处理通常是手镯出现裂缝，用环氧树脂填充裂隙，再进行抛光掩盖，从而增加牢固性和美观度。

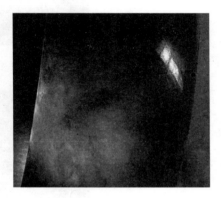

放大观察可见充填部位表面光泽与玉石主体有差异，充填部位可见气泡；紫外荧光灯下观察可见蓝白色荧光；红外光谱测试可见 $2850cm^{-1}$、$2950cm^{-1}$、$3030cm^{-1}$、$3060cm^{-1}$ 附近环氧树脂特征吸收谱带。

图3-2　充填部位气泡

三、染色处理

独山玉染色处理是把原本白的低档独山玉染成蓝绿色冒充白天蓝高档玉料，染成红色冒充高档红独玉料。

放大观察可见染料沿颗粒或裂隙渗入，在较大的裂隙中可见染料的沉淀或聚集。紫外荧光灯下染粉红样品显橙红色荧光；染绿色独山玉在分光镜下可见红区650nm吸收宽带。

图3-3　染粉红色独山玉挂件

图3-4　染粉红色独山玉手镯

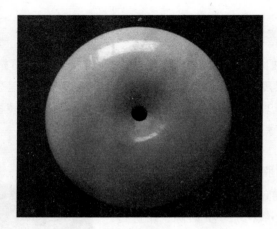

图3-5 染粉红色独山玉平安扣

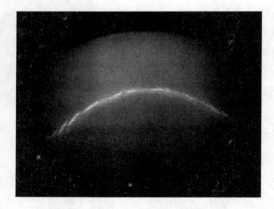

图3-6 放大观察染色部位色素聚集

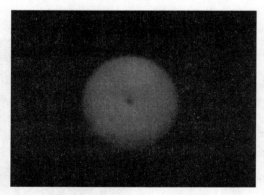

图3-7 染粉红色平安扣紫外荧光灯下观察

四、拼合鉴别特征

挂件拼合多为俏色部分，放大观察可见拼合缝及气泡，与基底颜色截然不同，无过渡色。手镯拼合为多块手镯短节或原石拼合再加工而成，放大观察可见多处拼合部位及气泡。拼合部位在紫外荧光灯下观察可见蓝白色荧光，红外光谱测试可见 2850cm^{-1}、2950cm^{-1}、3030cm^{-1}、3060cm^{-1} 附近环氧树脂特征吸收谱带。

第四节　独山玉与相似玉石的鉴别

市场上较为常见的与独山玉相似的玉石有：石英岩玉、翡翠、和田玉、碳酸岩及蛇纹石玉、云母质玉、粉红色蛋白石、"菲律宾独山玉"。

一、石英岩玉

石英岩玉是质地致密的显晶质石英集合体，通常石英颗粒大小为 0.02mm ~ 2mm，可含少量赤铁矿、针铁矿、云母、高岭石等。纯净者无色，若含有细小的其他有色矿物，可呈现出不同的颜色。商业中常以产地命名，如京白玉（产于北京郊区）、密玉（产于河南省新密市）、贵翠（产于贵州省）等。因其质地致密细腻，颜色美观，硬度较高，光泽佳，抛光性能好，并有一定的透明度，颇受爱玉人士欢迎，加之产地丰富，因而市场上较常见。

（一）石英岩玉基本特征

矿物组成：主要矿物为石英，可含少量赤铁矿、针铁矿、云母等黏土矿物。

化学组成：石英：SiO_2，可含 Fe、Al、Mg、Ca、Na、K、Mn、Ni、Cr 等元素。

结晶状态：显晶质集合体，粒状结构。

颜色：各种颜色，常见绿、灰、黄、褐、橙红、白、蓝等色。

光泽：玻璃光泽至油脂光泽。

摩氏硬度：6 ~ 7。

密度：2.64g/cm^3 ~ 2.71g/cm^3，含赤铁矿等包体较多时可达 2.95g/cm^3。

光性特征：非均质集合体。

折射率：1.54（点测）。

荧光观察：通常无；含铬云母石英岩，无至弱，灰绿或红。

紫外可见光谱：含铬云母的石英岩，可具 682nm、649nm 吸收带。

放大检查：粒状结构，矿物包体。

红外光谱：中红外区具石英特征红外吸收谱带。

（二）与独山玉的区别

1. 白色石英岩玉与独山玉透水白料外观上极为相似，放大观察可见石英岩玉的粒状结构较为明显，而透水白的独山玉可见纤维等粒结构。

图3-8　白色石英岩玉挂件

图3-9　透水白独山玉手镯

2.绿色东陵石放大可见铬云母鳞片大致定向排列，而独山玉天蓝料是粒状变晶结构，颜色多呈团块状、浸染状分布。

图3-10　东陵石挂件

3.独龙玉，矿物成分属石英岩质玉，产自云南省怒江州贡山县独龙族聚居地，故当地独龙族人便称其为独龙玉，近年来逐渐开始在市场上出现，但产量比较少。在外观上与独山玉天蓝料很相似，独龙玉内部一般可见黄色金属包裹体（黄铁矿），透明度也比独山玉高。

图3-11　独龙玉手镯

另外独山玉的点测折射率（1.56 ~ 1.70）和密度（2.70g/cm³ ~ 3.25g/cm³）都比上述几种石英岩玉（点测折射率1.54，密度2.64g/cm³ ~ 2.71g/cm³）高，红外光谱也不相同。

二、翡翠

翡翠是以硬玉为主的由多种细小矿物组成的矿物集合体。从岩石学角度来看，翡翠是一种岩石，它是由以硬玉、绿辉石为主要矿物成分的辉石族矿物组成的矿物集合体，是一种硬玉岩或绿辉石岩。在商业中，翡翠是指具有工艺价值和商业价值，达到宝石级的硬玉岩和绿辉石岩的总称。"翡"单用时是指翡翠中各种或深或浅的红色、黄色翡翠；"翠"单用时是指各种或深或浅的绿色翡翠，高品质的绿色翡翠一般称之为"高翠"。

图3-12 翡翠如意挂件

（一）翡翠基本特征

矿物组成：主要由硬玉或由硬玉及其他钠质、钠钙质辉石（如绿辉石、钠铬辉石）组成，可含少量角闪石、长石、铬铁矿等。

化学成分：硬玉：$NaAlSi_2O_6$，可含有 Cr、Fe、Ca、Mg、Mn、V、Ti 等元素。

结晶状态：晶质集合体，常呈纤维状、粒状或局部为柱状的集合体。

颜色：白、各种色调的绿、黄、红、橙、褐、灰、黑、浅紫红、紫、蓝等色。

光泽：玻璃光泽至油脂光泽。

解理：硬玉具两组完全解理，集合体可见微小的解理面闪光，称为"翠性"。

摩氏硬度：6.5 ~ 7。

密度：3.34（+0.11，–0.09）g/cm³。

光性特征：非均质集合体。

折射率：1.666 ~ 1.690（+0.020，–0.010），点测法常为1.66。

荧光观察：无至弱，白、绿、黄。

紫外可见光谱：437nm 吸收峰；铬致色的绿色翡翠具 630nm、660nm、690nm

吸收峰。

放大检查：星点、针状、片状闪光（翠性），粒状/柱状变晶结构，纤维交织结构至粒状纤维结构，矿物包体。

红外光谱：中红外区具辉石（单斜辉石）中 Si–O 等基团振动所致的特征红外吸收谱带。

（二）与独山玉的区别

优质的独山玉颜色纯净，质地细腻，很像翡翠，但两者的结构和颜色特征及分布特点都有明显差异。

1. 翡翠是纤维变晶结构，颜色鲜艳亮丽；绿色独山玉的颜色是由含有细粒的铬云母或含铬绿泥石所形成的，沿小裂隙形成蓝绿色短线状、小脉状的色带，并且颜色偏蓝或偏灰色，不够鲜艳。

2. 在密度上独山玉（$2.70g/cm^3$ ~ $3.25g/cm^3$）比翡翠（$3.25g/cm^3$ ~ $3.45g/cm^3$）小，因此用手掂起来独山玉相对要显得轻飘，翡翠则有沉重坠手感。

3. 看结构，独山玉主要是由斜长石类矿物组成，主要是溶蚀交代或等粒状结构，表现为内部颗粒大多为等粒大小；翡翠主要是由硬玉矿物组成，表现出典型的交织结构。利用侧光或透射光照明下，独山玉可以看到等大的颗粒；翡翠的颗粒则是不均匀的，而且互相交织在一起。

图3–13 冰清独山玉挂件

4. 绿色独山玉的绿色色脉中常见有黑色的色斑（暗色矿物）即使在强光照射下仍显黑色；而绿色翡翠中的黑点通常较少见，而且在强光下显翠绿色。

5. 独山玉虽然粒度细，但由于不同种类矿物的硬度差别大，分布不均匀，所以抛光面往往不平整，抛光质量往往不好，玻璃光泽不强。

6. 查尔斯滤色镜下是否变红是绿色独山玉与翡翠的明显区别。

7. 独山玉的折射率（1.560～1.700）与翡翠的折射率（1.666～1.690）也可当作参考性的鉴定特征。

8. 独山玉和翡翠的红外吸收光谱不同。

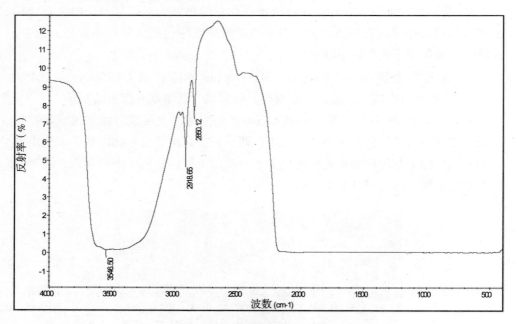

图3-14　翡翠红外透射光谱图

三、和田玉

古往今来，和田玉以其色泽光洁柔美、质地坚韧细腻、温润含蓄、符合国人的审美观念而深得人们的喜爱，人们将"仁""义""礼""智""信"的道德理念及社会财富、权力等一系列社会元素寓于和田玉之中。从7000年前的新石器时代开始，和田玉制品作为日常用品、饰品、祭器、礼器甚至葬器，已经成为人们生活中不可缺少的部分。和田玉的韧性在玉石中是最大的，是其他玉石不能比拟的，不易破碎。和田玉按照颜色分为白玉、青玉、青白玉、碧玉、黄玉、糖玉、墨玉、翠青玉八大类。

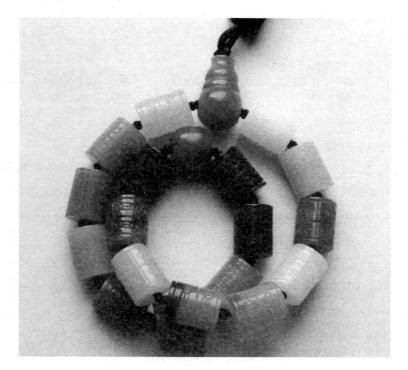

图3-15　和田玉多色手串

（一）和田玉基本特征

矿物（岩石）组成：主要由透闪石、阳起石组成。

化学成分：$Ca_2(Mg, Fe)_5Si_8O_{22}(OH)_2$。

结晶状态：晶质集合体，常呈纤维状集合体。

颜色：浅至深绿、黄至褐、白、灰、黑等色。

白玉：纯白至稍带灰、绿、黄色调。

青玉：浅灰至深灰的黄绿、蓝绿色。

青白玉：介于白玉和青玉之间。

碧玉：翠绿至绿色。

墨玉：灰黑至黑色（含微晶石墨）。

糖玉：黄褐至褐色。

黄玉（和田玉）：绿黄、浅黄至黄色。

光泽：玻璃光泽至油脂光泽。

解理：透闪石具两组完全解理，集合体通常不见。

摩氏硬度：6 ～ 6.5。

密度：2.95（+0.15，−0.05）g/cm³。

光性特征：非均质集合体。

折射率：1.606 ～ 1.632（+0.009，−0.006），点测法常为 1.60 ～ 1.61。

荧光观察：无。

紫外可见光谱：无特征。

放大检查：纤维交织结构，矿物包体。

红外光谱：中红外指纹区具 Si–O 等基团振动所致的特征红外吸收谱带，官能团区具 OH 振动所致的特征红外吸收谱带。

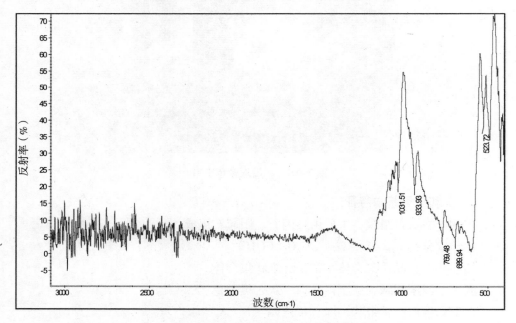

图3-16　和田玉红外反射光谱图

（二）与独山玉的区别

1. 和田玉中的白玉与白色独山玉外观上极为相似，仅从光泽上很难准确判断，可以通过放大检查，优质的透水白独山玉透明度较高，有颗粒感，而和田玉结构细腻，呈纤维交织结构。

图3-17　白玉挂件

2. 和田玉中的墨玉与黑独玉易混淆，墨玉的主体颜色色调呈灰黑至黑色，由石墨致色，黑独玉的主要矿物成分为阳起石（26%～100%）、斜长石（0～60%）、黑云母（0～32%），次要矿物为磷灰石、碳酸盐矿物、黄铁矿、黄铜矿等。黑独玉多为黑色或墨绿色，纯黑色较少见，颗粒粗大，常为块状、团块状或点状。两者用常规仪器检测较难识别，需借助红外光谱仪等大型设备从成分上进一步鉴别。

图3-18　墨玉挂件

图3-19 黑独山玉《马上封侯》摆件

四、碳酸盐类玉石

碳酸盐类玉石产量大、产地多，是最常见的玉石品种之一。碳酸盐类玉石耐久性较差，多以集合体出现，常作为玉雕原料或其他宝石的仿制品。

图3-20 碳酸盐玉手镯

（一）碳酸盐类玉石的基本特征

矿物组成：主要矿物为方解石，可含白云石、菱镁矿、蛇纹石、绿泥石等。蓝田玉为蛇纹石化大理石。

化学成分：方解石（$CaCO_3$），可含有 Mg、Fe、Mn 等元素。

结晶状态：晶质集合体，常呈粒状、纤维状集合体。

颜色：各种颜色，常见有白、黑色及各种花纹和颜色。白色大理石常称为汉白玉。

光泽：玻璃光泽至油脂光泽。

摩氏硬度：3。

密度：2.70（+0.05，−0.05）g/cm^3。

光性特征：非均质集合体。

多色性：集合体不可测。

折射率：1.486 ～ 1.658。

荧光观察：因颜色或成因而异。

放大检查：粒状或纤维状结构，条带或层状构造。

红外光谱：中红外区具碳酸根离子振动所致的特征红外吸收谱带。

特殊性质：遇盐酸起泡。

（二）与独山玉的区别

碳酸盐类玉石的白色、青绿色、黑色品种与白独玉、青独玉、黑独玉外观上相似，但是硬度低，颗粒粗大，光泽差，还有遇酸起泡，都与独山玉区别。另外，二者的红外光谱也不同。

五、蛇纹石玉

蛇纹石玉（岫玉）在自然界分布广泛，因产地不同而有不同的玉石名称，如广东的信宜玉、广西的陆川玉、甘肃的酒泉玉、山东的泰安玉等。岫玉是中国古老的传统玉种，在 1 万多年前，辽宁海城小孤山文化遗址中有岫玉制成的砍凿器，汉代的金缕玉衣大部分也是由岫玉片制成的。

（一）蛇纹石玉基本特征

矿物（岩石）组成：蛇纹岩，主要矿物为蛇纹石，可含方解石、滑石、磁铁矿等。

化学成分：蛇纹石（Mg，Fe，Ni），可含有 Si、O（OH）等元素。

结晶状态：晶质集合体，常呈细粒叶片状或纤维状。

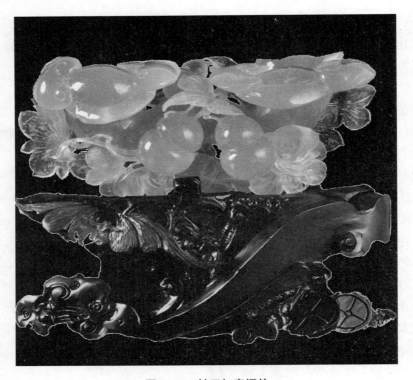

图3-21　岫玉如意摆件

颜色：绿至绿黄、白、棕、黑色。

光泽：蜡状光泽至玻璃光泽。

解理：无。

摩氏硬度：2.5 ~ 6。

密度：2.57（+0.23，−0.13）g/ cm^3。

光性特征：非均质集合体。

折射率：1.560 ~ 1.570（+0.004，−0.070）。

荧光观察：长波：无至弱，绿；短波：无。

放大检查：可见蛇纹石黄绿色基底中存在着少量黑色矿物，灰白色透明的矿物晶体，灰绿色绿泥石鳞片聚集成的丝状、细带状和由颜色的不均匀而引起的白色、褐色条带或团块。叶片状、纤维状交织结构。

红外光谱：中红外区具蛇纹石特征红外吸收谱带。

（二）与独山玉的区别

蛇纹石玉是层状含水镁硅酸盐矿物，叶片状、纤维状交织结构，常见均匀的致密块状构造，略具定向排列；颜色常为无色至黄绿色，蜡状光泽，折射率1.560 ~ 1.570，密度2.44g/cm³ ~ 2.80g/cm³；受组成矿物的影响，摩氏硬度在2.5 ~ 6之间。酒泉玉为含有黑色斑点或不规则黑色团块状的暗绿色蛇纹石玉，外观上与黑色独山玉近似，可通过放大检查及折射率、密度等与独山玉区别。

六、云母质玉

云母质玉的主要矿物成分是锂云母、白云母。主要包括丁香紫玉、广绿玉、雅安绿等。广绿玉又称广绿石、广宁石、新南玉和广东绿，是一种蚀变绢云母岩质玉石，墨绿色为主，质地细腻如玉，其结构为致密块状。雅安绿是一种以绢云母、石英、高岭石和方解石为主要成分的玉石。雅安绿颜色丰富，多种颜色共同存在于一块玉石上，可以看到表面有许多绿色、褐色、黑灰色矿物包体呈点状分布。

图3-22 云母质玉挂件

（一）云母质玉的基本特征

矿物（岩石）组成：主要矿物为云母族矿物。

化学成分：锂云母：$K\{Li_{2-x}Al_{1+x}[Al_{2x}Si_{4-2x}O_{10}]F2\}$，其中x=0 ~ 0.5；白云母：$K\{Al_2[AlSi_3O_{10}](OH)_2\}$。

结晶状态：晶质集合体，常为片状或鳞片状集合体。

颜色：锂云母，浅紫、玫瑰色、丁香紫色，有时为白色，含锰时呈桃红色。丁香紫色者又称丁香紫玉。白云母，白、绿、黄、灰、红、褐等色。

光泽：玻璃光泽，解理面呈珍珠光泽。

解理：（001）解理极完全，集合体通常不见，

摩氏硬度：2 ~ 3。

密度：2.2g/cm³ ~ 3.4g/cm³。

光性特征：非均质集合体。

折射率：锂云母，点测法常为1.54 ~ 1.56。白云母，点测法常为1.55 ~

1.61。

荧光观察：通常无。

放大检查：片状或鳞片状结构，致密块状构造。

红外光谱：中红外指纹区具 Si-O 等基团振动所致的特征红外吸收谱带，官能团区具 OH 振动所致的特征红外吸收谱带，

（二）与独山玉的区别

近年来市场上出现一种蓝绿色的云母质玉，主要矿物成分为绢云母，致密块状构造，颜色均匀，质地细腻温润，与优质的天蓝独山玉在外观上很相似，而且折射率 1.550、密度 $2.80 \text{g/cm}^3 \sim 2.83 \text{g/cm}^3$，也和独山玉近似，但是云母质玉的硬度 2-3，很低，另外两者的红外光谱也有明显差异。

七、粉红色蛋白石

蛋白石可粗分为两大类：具有变彩效应的贵重蛋白石，以及没有变彩效应的普通蛋白石。粉红色蛋白石，又名"粉色澳宝"，是一种不具有变彩效应的普通蛋白石。但是在神秘的蛋白石家族里，粉红色蛋白石是非常稀有的一种。因产量稀少，且不是常见宝玉石品种，认知度较低，不免有人将它与粉红体独山玉相混淆。

图3-23　粉红色蛋白石挂件

（一）粉红色蛋白石基本特征

矿物（岩石）组成：蛋白石。

化学成分：属硅酸盐矿物，其化学分子式为 $SiO_2 \cdot nH_2O$。

结晶习性：非晶质体，具贝壳状断口。

颜色：深浅不同的粉红色调。

光泽：玻璃光泽至树脂光泽。

解理：无。

摩氏硬度：5 ～ 6。

密度：2.15（+0.08，−0.90）g/cm^3。

折射率：1.45（点测）。

荧光观察：长波和短波均显示弱荧光。

放大检查：质地细腻，矿物包体。

红外光谱：中红外区具蛋白石特征红外吸收谱带。

（二）与独山玉的区别

结晶程度稍差的粉红色蛋白石与粉色独山玉外观极其相似，我们可以通过蛋白石较低的折射率、密度和红外光谱来区别。

八、"菲律宾独山玉"

最近，一种名为"菲律宾独山玉"的玉石品种漂洋过海悄悄地进入了中国的玉石市场。"菲律宾独山玉"的颜色种类较少，以白、绿、黑为主，少见褐色，主要是以白色基底上可见绿色或黑色矿物为主，其中绿色呈星点状、团块状，聚集成片，黑色呈带状分布。"菲律宾独山玉"绿白色玉石品种常带给人一种清新淡雅、洁白高贵的气质。独山玉以单一颜色出现的玉料不多，多由两种以上甚至七种颜色组成，玉色变化主要取决于致色元素及致色矿物种类的不同。独山玉的颜色多呈带状、团块状、浸染状或渐变过渡分布。

图3-24　"菲律宾独山玉"摆件

　　"菲律宾独山玉"绿白色部分的点测折射率为1.57，黑白色部分为1.66；独山玉绿色部分的点测折射率为1.58，白色部分1.64，黑色部分1.58。看来，两种玉石颜色相似部分折射率值还是有差别的。

　　用电子天平通过静水力学法测得，"菲律宾独山玉"绿白色部分的相对密度是2.84g/cm³，黑色部分相对密度3.11g/cm³；独山玉绿色部分相对密度为2.73g/cm³，白色部分为2.81g/cm³，黑色部分为2.85g/cm³，二者相对密度的不同均与其组成矿物有密切的联系。

　　用摩氏硬度笔对"菲律宾独山玉"原石进行测试，测得摩氏硬度为5.5～6，这与独山玉的5.5～7相比略低，这是由于玉石的硬度既与组成矿物的种类相关，也与结构的致密程度有着密切的联系。

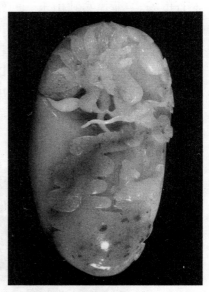

　　"菲律宾独山玉"主要矿物成分为钙长石、透辉石、透闪石，及少量的石榴石（以钙铬榴石和钙铝榴石为主）、黝帘石、榍石、葡萄石、绿泥石等；"菲律宾独山玉"经历过一定的外力作用，钙长石在受力和变形过程中发生碎裂，形成细粒变晶结构、斑块变晶结构、块状构造。而独山玉中主要为熔蚀交代结构、变余碎斑结构、纤维变晶结构。

　　通过各方面的比较，我们知道了这种新品种玉石与独山玉部分品种外观相似度很高，不仔细观察确实容易混淆，红外光谱也十分相似，但其与独山玉的颜色分布状态、矿物组成及结构构造有明显差异，且绿色部分的颜色成因不同，"菲律宾独山玉"为钙铬榴石致色，因此绿色更为鲜艳，而独山玉为铬云

图3-25　"菲律宾独山玉"手把件

母、绿帘石等致色，并受其他矿物成分的影响，所以绿白色的独山玉颜色不如绿白色的"菲律宾独山玉"清新洁净、雪白翠绿、简单大方。根据国家标准《珠宝玉石名称》（GB/T 16552-2017）的命名规则，应将其定名为钙长石质玉。

第四章　独山玉命名与分类

《独山玉命名与分类》国家标准（GB/T 31432-2015）由中华人民共和国国家质量监督检验检疫总局和中国国家标准化管理委员会于 2015 年 5 月 15 日发布，2015 年 6 月 1 日起实施。这是由河南省地质博物馆、河南省珠宝玉石首饰行业协会、南阳市国土资源局（现为自然资源和规划局）共同起草，历时 5 年终于完成的大事，为大美南阳再添亮丽名片，对促进南阳乃至全国珠宝玉石行业和中华玉文化的交流与繁荣均有着重大而深远的意义。独山玉国家标准内容科学严谨，特色鲜明，不仅具有广泛性、实用性和可操作性，更具有自主知识产权，对我国进行独山玉的分类及鉴定具有重要指导意义，填补了珠宝玉石行业长久以来独山玉分类标准的空白，对促进独山玉产业健康有序发展和玉文化的推广有着积极作用。

第一节　独山玉命名规则

1. 国家标准《独山玉命名与分类》将独山玉依据颜色进行分类，如白独玉、绿独玉等，命名采用"独山玉（分类）"的方法，如独山玉（白独玉）、独山玉（绿独玉）。独山玉分类命名及主要鉴定特征见下表。

表4-1　独山玉分类命名及主要鉴定特征

种	亚种	颜色	透明度	硬度	密度（g/cm³）	折射率	紫外荧光 LW	紫外荧光 SW	放大检查
绿独玉	翠绿独玉	翠绿、草绿	半透明–微透明	5.5 ~ 7	2.71 ~ 3.03	1.56 ~ 1.64	弱	无	纤维粒状结构，变晶结构，颜色不均匀，有暗色矿物包体
	天蓝独玉	蓝绿	半透明–微透明				弱	无	

种	亚种	颜色	透明度	硬度	密度（g/cm³）	折射率	紫外荧光		放大检查
							LW	SW	
绿独玉	绿白独玉	浅绿、绿色、黄绿与白色浸染状分布	不透明	5.5～7	2.71～3.03	1.56～1.64	弱	无	纤维粒状结构，交代结构，有暗色矿物包体，色斑
	墨绿独玉	墨绿、灰绿	不透明				无	无	
白独玉	冰白独玉	无色、白色	半透明－微透明	6.5～7	2.73～3.10	1.56～1.57	弱红	暗红	粒状结构，变晶结构，交代结构
	瓷白独玉	白色、灰白	不透明						
褐独玉（酱独玉）	红酱独玉	深褐色	微透明－不透明	6～6.5	2.72～2.80	1.56～1.58	无	无	粒状结构，变晶结构，有暗色矿物包体
	黄酱独玉	浅褐色	半透明－不透明						
红独玉	红独玉	粉红、浅粉红	微透明－不透明	6.5～7	2.97～3.25	1.56～1.70	红	弱红	粒状结构，交代结构
黄独玉	黄独玉	棕黄、浅黄	微透明－不透明	6～7	2.81～2.89	1.56～1.58	无	无	纤维粒状结构，交代结构，有暗色矿物包体
青独玉	冰青独玉	淡青	半透明－微透明	6～6.5	2.72～3.12	1.56～1.62	无	无	粒状结构，变晶结构
	油青独玉	青、灰青	不透明				无	无	纤维粒状结构，交代结构，有暗色矿物包体
黑独玉	墨独玉	黑色	不透明	6～6.5	2.95～3.04	1.56～1.63	无	无	纤维粒状结构，交代结构
	黑花独玉	黑白斑块状	不透明						
花独玉	花独玉	三种及以上颜色	不透明	5.5～7	2.71～3.12	1.56～1.70	弱	无	纤维粒状结构，交代结构，有暗色矿物包体

2．同时有两个颜色分布，均应表示，如绿白独玉，表明该件独山玉有绿独玉和白独玉两个品种共存。

3．有三种及以上颜色，以分布面积大于60%的主要颜色品种命名，如有白、绿、酱三种颜色，但白色分布面积超过60%的独山玉，即可称之为白独玉；当有三种以上颜色且没有一种颜色占60%以上时，就称为花独玉。

第二节　独山玉分类

独山玉成矿机理独特，成分复杂，呈现出白、绿、蓝、紫、红、黄、黑等色彩，古往今来的加工实践证明，其具有抛光后色泽鲜艳、经久保色的优良品质，绿若翠羽、白如凝脂、赤若丹霞，天蓝翠色欲滴，更被法国学者称为"南阳翡翠"。国家标准《独山玉命名与分类》（GB/T31432-2015）中将独山玉按照颜色分为八大类十四个亚种。

粉红
褐黄
冰青
油青
黑花
多色
绿黄
黑色

图4-1　独山玉颜色色谱图

一、绿独玉

图4-2　绿白独山玉精品原石

以绿色为主色调的独山玉，可带有蓝、黄、白、灰等色调，主要矿物组成为基性斜长石、白云母（含铬）、黝帘石、纤闪石等，次要矿物为透辉石、金云母、阳起石等。依颜色色调不同分为翠绿独玉、天蓝独玉、绿白独玉、墨绿独玉4个亚种。半透明的天蓝独山玉为独山玉的最佳品种，在商业上亦有人称之为"天蓝"或"南阳翠玉"，其以绿色为主色调，翠色欲滴，深沉内敛。独山玉天蓝料较多与黄色、酱色和绿白独山玉料间杂共生，适宜艺术品摆件的创作。因为材料本身的名贵，设计师大多顺色立意，依形就势，在天蓝料上采用保色保料的原生态雕琢，在共生的其他颜色上巧做文章进行创作。

二、白独玉

以白色为主色调的独山玉，主要矿物组成为基性斜长石、黝帘石，次要矿物为白云母等，依透明度及矿物组成不同分为冰白独玉、瓷白独玉2个亚种。白色独山玉质地细腻，具溶蚀结构，呈玻璃—油脂光泽，半透明至微透明，常常与黑、粉红或者绿白独玉相伴而生，质地细腻，具有油脂般的光泽，如少女肌肤般晶莹润滑。在玉雕设计中，常常被巧雕为人物造型，或者皓皓白雪、冰清玉洁的玉兰或荷花，给人以清新脱俗的审美感受。

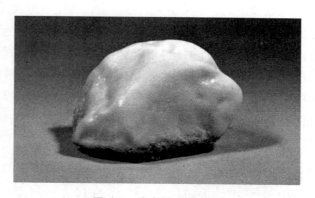

图4-3　白色独山玉原石

三、褐独玉（酱独玉）

以褐色为主色调的独山玉，商业上惯称为酱独玉，主要矿物组成为基性斜长石，次要矿物为黝帘石、金云母、黑云母等。依褐色深浅不同分为红酱独玉、黄酱独玉2个亚种。酱色独山玉多呈半透明到不透明状，常与灰青及天蓝独山玉相伴出现，并呈过渡关系。不透明的酱色独山玉，玉雕师常常将其巧雕为树干和山丘土壤，色彩沉稳，有着厚重质朴的气质；对水头充足、色泽油润的红酱独山玉，玉雕师往往顺色巧雕为花朵等色彩娇艳的事物，有着鲜活灵动的气韵。

图4-4　酱色独山玉精品原石

四、红独玉

以粉红色为主色调的独山玉，可呈现芙蓉红、粉红、浅粉色，主要矿物组成为黝帘石、基性斜长石，微量矿物为榍石等。红色系是独山玉俏色中的经典之色，或楚楚动人，或娇艳欲滴，妖娆中又不失典雅富贵，端庄中蕴含无限风情。红色独山玉常与白色独山玉相伴而生。其中，与冰白和透水白独山玉伴生的红独山玉大多玉质晶莹剔透，颗粒细腻；与油白玉料相伴生的粉红玉料抛光后呈现出陶瓷般的光泽；而与干白色独山玉相伴生的干红色独山玉相对质地粗糙，颗粒感较为明显。红独山玉多保色巧用，可以巧雕为少女、花朵、晚霞或祥云等，在与之相伴生的油青、绿白、乳白或墨黑等玉色映衬下，更有"万绿丛中一点红"的精致美。

图4-5　红色独山玉精品原石

五、黄独玉

以黄色为主色调的独山玉，可带有褐、绿色调，主要矿物组成为基性斜长石、黝帘石，次要矿物为绿帘石、阳起石等。颜色主要与含三价铁离子的绿帘石有关，属绿帘石黝帘石化斜长岩玉。具显微花岗变晶结构，块状构造。玻璃光泽至油脂光泽，微透明。根据色调变化可分为棕黄独山玉、紫黄独山玉等品种。黄色独山玉多与褐色独山玉相伴而生，并不是耀眼醒目的亮黄，而是略含淡淡的褐色或淡淡的绿色的黄色，仿佛金色的麦浪、一望无际的原野又或秋天的枫叶，充满着成熟稳健的气息，具有含蓄内敛的特质。如果俏色设计运用得当，抛光后油润光亮，呈现出一种厚重大气的气质。

图4-6　黄色独山玉精品原石

六、青独玉

以青色为主色调的独山玉，主要矿物组成为斜长石、黝帘石，次要矿物为白云母、阳起石等。依据透明程度分为冰青独玉、油青独玉2个亚种。青独山玉通常和独山玉的黑、白玉色相伴而生，大多介于二色之间。青独山玉通常整体品质偏高，肉眼辨识大多油润微透明，水头充足，玉质细腻，颗粒感极小，在所有的独山玉品种中属于最为细腻的品种之一。冰青玉料，常常被雕刻为首饰，抛光后流光溢彩。油青玉料色彩较为凝重，与黑色相近，硬度偏高，质地油润，以创作成圆雕艺术品摆件居多。

图4-7　青色独山玉精品原石

七、黑独玉

以黑色为主色调的独山玉，有黑白相间色，主要矿物组成为纤闪石、基性斜长石、黝帘石，次要矿物为角闪石等，为次闪石化黝帘石化斜长岩。依据颜色均匀程度及矿物组成差异分为墨独玉、黑花独玉2个亚种。颗粒粗大，常为块状、团块状或点状，与白色独山玉相伴而生。黑独玉淳朴自然，低调别致。一般不单独做材料，多与其他颜色搭配，作为俏雕之用。独山玉的黑色部分常常被雕刻为人物的衣衫和头发，具有老照片一样怀旧的时光味道。也常作为花鸟山水风景中的岩石和树木，宛若中国传统水墨画中的金钩银画，遒劲有力，抱朴归一，朴素简单，具有低调别致的韵味，呈现出清幽、淡泊、空灵的意境。

图4-8　黑色独山玉精品原石

八、花独玉

花独山玉是指有三种或以上颜色分布且无法分出主次的独山玉，多呈白、绿、褐、黄、青等相间的条纹、色带，或各种花色相互浸染、渐变过渡出现于同一块玉料上，是独山玉特有的种类，占独山玉总量近半，为多期多阶段成玉作用叠加的结果。花独山玉多色共生，各色相互间杂，互为渗透，色泽斑驳陆离，幻化出无穷的渐变色，具有水彩晕染般的诗意。玉雕师常根据色彩纹理走向和氛围特质选择主题，主体精雕，其余部分渐次虚化处理，呈现出朦胧的意境和抒情的韵致，以他们的匠心独运成就了作品的巧夺天工之美。

图4-9　花色独山玉精品原石

第五章　独山玉质量等级评价

随着公众对独山玉认知程度的提高，独山玉已成为众多消费者投资和收藏的重要品种。目前市场上不同档次的独山玉饰品琳琅满目，品种齐全，市场空前繁荣，已经孕育出相当一批专业雕刻独山玉的优秀企业，拥有广泛稳定的消费群体，这为制定独山玉质量等级评价标准奠定了坚实的市场基础。由于独山玉的品种较多，质量等级差别很大，行业内缺乏统一规范的描述方法用以交流，阻碍了独山玉产品的正常流通，加上一些消费者对独山玉的认识不够成熟，这些都为独山玉市场今后的良性发展埋下了巨大的隐患。市场需求的转变对独山玉行业的发展提出了新的要求，即在保证产品真实的基础上，对产品的品质级别做出进一步的评价，明示产品的质量等级，从而科学引导消费。为了保护独山玉经营者和消费者的共同权益，促进独山玉市场的繁荣和健康发展，河南省玉器产品质量监督检验中心主持制定了《独山玉鉴定与原料分级》和《独山玉饰品质量等级评价》两项地方标准，分别从原料和饰品两个方面对独山玉的质量等级进行评价。

第一节　独山玉原料分级

南阳独山玉矿有限公司拥有独山玉的开采权，为独山玉原料的供货源头，但独山玉原料的交易一直以来无标准可依，交易者完全凭主观判断和经验。河南省地方标准《独山玉鉴定与原料分级》（DB41/T2282-2022）解决了传统独山玉原料交易中仅凭主观和经验，无标准可依的历史问题，是独山玉原料分级领域的重大创新突破，填补了我国独山玉原料分级的空白，有利于进一步提升独山玉品牌价值和知名度，有利于进一步保证河南省珠宝市场独山玉原料交易的公平、公正性，有利于维护广大独山玉原料交易商户的合法权益。

图5-1　独山玉天蓝料原石

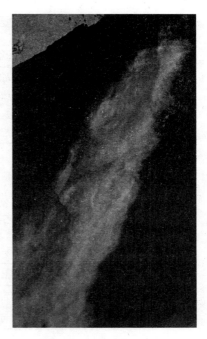

图5-2　独山玉粉红料原石

一、颜色分级

独山玉原料可根据不同颜色的比例划分四个等级，由高到低依次为特优级、优级、一级、二级。具体标准如下表。

表5-1　独山玉原料颜色分级

特优级	翠绿、蓝绿、天蓝所占比例大于30%，粉红色所占比例大于10%
优级	翠绿、蓝绿、天蓝所占比例大于10%，粉红色所占比例大于5%，透水白所占比例大于30%，鲜绿白所占比例大于30%，浅褐色所占比例大于50%，淡青色所占比例大于40%
一级	含有少量翠绿、蓝绿、天蓝、粉红色、透水白，绿白所占比例大于20%，浅褐色所占比例大于20%，青色所占比例大于20%
二级	不含有翠绿、蓝绿、天蓝、粉红色、透水白的其他颜色，如深褐色、黑花、黑色、灰青色等

二、透明度分级

独山玉原料根据透明程度划分为三个等级，由高到低依次为半透明、微透明和不透明。透明度级别及划分要求按表 5-2 的规定。

表5-2　独山玉原料透明度分级

微透明	反射光观察：内部无汇集光，难见光线透入
	透射光观察：少量光线可透过样品，样品内部特征模糊不可辨
不透明	反射光观察：内部无汇集光，难见光线透入
	透射光观察：微量或无光线可透过样品，样品内部特征不可见

三、净度分级

独山玉原料按净度可划分为三个等级，由高到低依次为纯净、较纯净、不纯净。净度级别及划分要求按表 5-3 的规定。

表5-3　独山玉原料净度分级

纯净	肉眼观察可见到少量小裂纹、干筋、点状或斑块状杂质
较纯净	肉眼可见明显裂纹、较长较多干筋、点状或斑块状杂质
不纯净	肉眼可见大量或较大较多的明显裂纹、干筋、点状或斑块状杂质等

图5-3（a）独山玉原石

图5-3（b）独山玉原石

图5-3（c）　独山玉原石

四、质地分级

独山玉原料按质地可划分为三个等级，由高到低依次为细粒、中粒、粗粒。质地级别及划分要求按表5-4的规定。

表5-4　独山玉原料质地分级

细粒	结构致密，粒度细小均匀，肉眼可见微小矿物颗粒，粒径小于0.5mm，呈细粒状结构或溶蚀交代结构
中粒	结构不够致密，粒度大小不均匀，肉眼可见矿物颗粒，粒径在0.5mm～1mm之间，呈板柱状结构或变晶结构
粗粒	结构疏松，粒度大小悬殊，肉眼明显可见矿物颗粒，粒径大于1mm，呈碎裂结构或交代结构

图5-4（a） 独山玉原石   图5-4（b） 独山玉原石

上述标准的出台，为独山玉鉴定提供了技术依据，为独山玉原料价值评估、商业贸易、资本抵押、拍卖等提供了技术参考，有利于助推玉器市场的理性健康发展，助推珠宝行业发展，营造市场公平竞争环境，保护广大消费者的权益，促进独山玉的开发利用和可持续发展，并使独山玉走向国际市场，参与国际市场竞争。

第二节　独山玉饰品质量等级评价

国家标准《饰品标识》（GB/T31912-2015）将"饰品"定义为：供人佩戴或装饰室内环境的饰物、首饰和摆件的总称。饰品与我们的生活息息相关，人们根据各自的需求来选购不同价位的玉器，因此更需要了解各类玉石的质量等级，从而明明白白消费。我们经过大量的调查、试验、数据统计分析，成功完成了河南省地方标准《独山玉饰品质量等级评价》（DB41/T1435-2017）的编制工作。本标准从颜色、透明度、净度、质地、工艺等方面对独山玉饰品进行了分级评价。本标准的出台，将有利于保障独山玉市场的理性健康发展，助推珠宝行业发展，营造市场公平竞争环境，保护广大消费者的权益，也为给独山玉饰品分清级别、明示品质提供了一份全面的、系统的、具有战略思维的技术支撑性文件。

图5-5　独山玉粉红挂件

图5-6　独山玉白天蓝挂件

一、评价方法及分值

根据独山玉的宝石学特征和文化内涵，按百分制对独山玉饰品的颜色、透明度、净度、质地、工艺五个方面进行质量等级评价。评价因子构成见表5-5。

表5-5 独山玉饰品质量等级评价评分构成

项目	颜色	透明度	净度	质地	工艺	总计
分值（分）	40	5	5	15	35	100

（一）颜色评价

根据独山玉饰品颜色的色调、纯正程度、均匀程度、浓淡程度、色泽以及颜色搭配划分级别。独山玉饰品的颜色划分为优色、良色、较好色、一般色四个等级，由高到低依次表示为S1、S2、S3、S4。颜色的总分值为40分，各级别评价表示方法见表5-6。

表5-6 独山玉饰品颜色分级及评价表示方法

	级别	商业俗称	评分值（分）
S1	优色，包括：翠绿、天蓝、蓝绿、白底带天蓝或蓝绿色、鲜艳的粉红色	白天蓝、天蓝、满绿玉、绿玉、荷叶绿、透水绿、芙蓉红	40 ～ 30
S2	良色，包括：透水白色、淡青色、草绿色、深绿色、深天蓝、鲜艳的绿白色、浅褐色或稍带绿的浅褐色、透水淡红色	透水白、青透水、冰青、暗天蓝、老蓝、绿白、浅熟色玉、酱紫、曙色、菠菜根、肉红、水红	29 ～ 20
S3	较好色，包括：绿白色、浅绿色、黄绿色、褐黄色、橙黄色、深褐色或稍带绿的深褐色、干淡粉红色	干绿白、麦青玉、暗熟色玉、干红、黄玉	19 ～ 10
S4	一般色，包括：白色、灰白色、油青色、暗灰色、青灰色、亮棕色、青紫色、深褐色、棕黄色、暗黄色、黑色、墨绿色、绿黑色、灰黑色、黑青色、黑底白花、黑白斑块	干白玉、粉白玉、棕玉、乌白玉、乌青玉、猪肝紫、棕黄玉、什黄玉、墨玉、多色玉、黑玉、墨绿玉、黑灰玉、暗青玉、黑花玉	10以下

注：a. 独山玉饰品颜色不均匀时，根据其所含颜色的种类、各颜色分布面积计算颜色得分，以各颜色的得分乘以其所占面积的百分比，分数相加的总和为该饰品的颜色分数。

b. 独山玉饰品颜色存在多色搭配，如：白底色—浅褐色—翠绿色、白底色—浅褐色—绿白—翠绿、透水白—粉红、透水白—暗绿、透水白—粉红、透水绿白—浅褐色、透水白—干红、透水白—墨绿色、干白—黑绿、黄—灰白—黑绿、暗褐色—油青、干白—灰黑、干白—灰青等，可根据它们颜色的搭配、分布以及整体美观度适当予以加或减1 ～ 5分。

（二）透明度评价

根据独山玉饰品透明度的差异划分级别，可划分为半透明、微透明和不透明三个等级，由高到低依次表示为 M1、M2、M3。透明度的总分值为 5 分，各级别评价表示方法见表 5-7。

表5-7 独山玉饰品透明度分级及评价表示方法

级别		划分要求	评分值（分）
M1	半透明	部分光线可透过样品，样品内部特征较清楚	5 ~ 4
M2	微透明	少量光线可透过样品，样品内部特征模糊不可辨	3 ~ 2
M3	不透明	微量或无光线可以透过样品，样品内部特征不可见	1 ~ 0

注：当样品透明度不均匀时，将透明度不同的部位分别进行定级，并将各部分得分乘以其所占面积百分比，得数相加的总和即为该饰品的透明度分数。

图5-7 独山玉透水白手镯   图5-8 独山玉天蓝挂件

（三）净度评价

根据独山玉饰品净度的差异划分级别，可划分为纯净、较纯净、不纯净三个等级，由高到低依次表示为 J1、J2、J3。净度的总分值为 5 分，各级别评价表示方法见表 5-8。

表5-8 独山玉饰品净度分级及评价表示方法

级别		划分要求	评分值（分）
J1	纯净	肉眼观察不易见到小裂纹和少量杂质，可见白石花、较细干筋	5 ~ 4
J2	较纯净	肉眼可见裂纹、杂质、较多白石花、较长较多干筋	3 ~ 2
J3	不纯净	肉眼可见大量或较大的明显裂纹、杂质、白石花、干筋等	1 ~ 0

注："干筋"，独山玉在形成过程中产生的线状愈合裂隙，俗称"干筋"。

（四）质地评价

根据独山玉饰品质地的差异划分级别，可划分为细粒、中粒、粗粒三个等级，由高到低依次表示为 Z1、Z2、Z3。质地的总分值为 15 分，各级别评价表示方法见表 5-9。

表5-9　独山玉饰品质地分级及评价表示方法

级别		划分要求	评分值（分）
Z1	细粒	结构致密，粒度细小均匀。十倍放大镜下可见矿物颗粒，粒径小于 0.05mm，呈细粒状结构或溶蚀交代结构	15 ~ 10
Z2	中粒	结构不够致密，粒度大小不均匀，肉眼可见矿物颗粒。粒径在 0.05mm ~ 0.5mm 之间，呈板柱状结构或变晶结构	9 ~ 5
Z3	粗粒	结构疏松，粒度大小悬殊。肉眼明显可见矿物颗粒。粒径大于 0.5mm，呈碎裂结构或交代结构	4 ~ 0

注：当独山玉饰品质地不均匀时，将质地不同的部位分别进行定级，并将其得分乘以其所占面积百分比，得数相加的总和即为该饰品的质地分数。

图5-9　独山玉粉红挂件

图5-10　独山玉天蓝挂件

（五）工艺评价

根据独山玉饰品材料应用设计和加工工艺两个方面划分级别可划分为非常好、很好、好、一般、差五个等级。由高到低依次表示为 Q1、Q2、Q3、Q4、Q5。

1．材料应用设计级别评价指标如下：

（1）造型设计巧妙，和谐美观；

（2）俏色运用恰当，突出美的色彩和质地；

（3）玉文化内涵深厚，艺术设计与表达贴切生动；

（4）对称性好、比例适当、大小合适、掩盖了瑕疵；

（5）题材造型具有创新性。

2．加工工艺级别评价指标如下：

（1）轮廓清晰、层次分明；

（2）线条流畅，点线面刻画精准；

（3）抛光精细到位，能突出饰品光泽；

（4）表面平顺光滑，无抛光纹及凹凸不平。

工艺评价的总分值为35分，各级别评价表示方法见表5-10。

表5-10　独山玉饰品工艺分级及评价表示方法

级别		划分标准		评分值（分）
		材料应用设计	加工工艺	
Q1	非常好	符合5.1中规定的四项或五项评价指标	符合5.2中规定的四项评价指标	35～20
Q2	很好	仅能符合5.1中规定的五项评价指标中的任意三项	仅能符合5.2中规定的四项评价指标中的任意三项	19～10
Q3	好	仅能符合5.1中规定的五项评价指标中的任意二项	仅能符合5.2中规定的四项评价指标中的任意二项	9～6
Q4	一般	仅能符合5.1中规定的五项评价指标中的任意一项	仅能符合5.2中规定的四项评价指标中的任意一项	5～2
Q5	差	不能符合5.1中规定的五项评价指标中的任意一项	不能符合5.2中规定的四项评价指标中的任意一项	1～0

注：当独山玉饰品是由著名的工艺美术大师雕刻或体积在同类别的饰品中占优势时可以酌情加1～5分。

（六）质量等级评价

根据独山玉饰品各项评价因子的总得分划分级别，即根据独山玉饰品质量划分级别，可划分为特优级、优级、一级、二级、三级五个级别。质量等级的总分值为100分，各质量等级评价及分值见表5-11。

表5-11　独山玉饰品质量分级及分值

质量级别	特优级	优级	一级	二级	三级
对应分值（分）	100～85	84～70	69～50	49～30	30分以下

二、评价要求

（一）环境要求

独山玉的颜色、透明度分级应在无阳光直射的室内进行，分级环境色调应为白色。分级评价应在色温 4500K ～ 5500K 的标准光源下，利用肉眼和十倍放大镜进行，并可选用无荧光、无明显定向反射作用的白色纸（板）作为观测背景。

（二）人员要求

从事质量等级评价的技术人员应经过专业技能培训，掌握正确的操作方法。进行质量等级评价时，应有不少于三名技术人员各自独立完成同一样品的各项质量要素的分级评分。

（三）操作要求

当用反射光观察时，照明光束垂直样品表面，观察方向与照明方向成 45°角，样品距光源、人眼均为 20cm ～ 25cm；当用透射光观察时，样品放置于人眼与光源之间，三者成一直线，样品距光源、人眼均为 20cm ～ 25cm。

（四）评分要求

取所有参与评分的技术人员所得总分的平均分为样品的最终得分，并根据分数划分档次和级别，即为该样品的质量等级评价结论。

第三节　当代独山玉艺术品的价值评估

当代独山玉艺术品的价值评估，可以从五个方面去衡量：

一是原始价值。应把独山玉艺术品的材料价值和工值（加工费）的总和称之为原始价值。其他的玉种也是这样界定的，但由于独山玉原料并不像白玉原料和翡翠原料那么昂贵，所以其原始价值在整体价值中所占的比重偏低。其工值是由雕刻过程中所耗费的劳动时间和劳动量来决定的，但它又不能简单地等同于劳动时间和劳动量，是一个自乘或加倍的复杂劳动。这其中有脑力劳动的因素，有体力劳动所掌握技能和技巧的因素，更有劳动者的才情、劳动者的创新和劳动经验的积累，甚至是劳动者的某种天赋。因此，玉雕工艺这种劳动具有更多的价值内涵，玉雕艺术品作为一种特殊商品，其原始价值不能简

图5-11　独山玉
观音挂件

单地用"社会必要劳动时间"来衡量。

　　二是工艺价值。独山玉是玉石大家庭中色彩最丰富的玉种之一，有蓝、白、红、黄等七个主色调，加上过渡色有数十种，其颜色的组合方式及深浅富于变化，一方面给设计者提供了丰富的想象空间，同时也给设计者提出了更高的要求。同一块玉料因设计者的素养和视觉感受不同，会有多种设计方案；不同的玉料，更会有不同的设计方案，或山水或人物，或花鸟或器皿，或动或静，或古或今，或简或繁，均要按玉施艺，因材而定。一件上佳的作品，应是题材寓意与玉料品质和谐配

图5-12　独山玉佛挂件

置，做到形态美与色彩美的统一，并且符合对称、远近、透视等美学基本原理，从而达到"巧、俏、绝"的艺术水平，即设计思路巧妙、俏色运用精妙、加工工艺绝妙。好的独山玉工艺品应是天地造化与匠心独运的有机融合，应是玉、形、工、意、韵的统一，是一种融造型美、视觉美、触觉美为一炉的综合美，也就是《考工记》中说的"材美工巧"。随着时代的发展和玉雕工具的改进，人们对玉雕工艺品提出了更高的要求，我们的玉雕大师应着眼未来，运用各种加工手段，创造出美的作品。

　　三是创新价值。玉雕包括"审玉—设形—治玉—传神"的过程，是将景与情逐渐融合在一起的过程，显示作者对世界、对人生感悟的艺术意境，从而创作出立意精湛的佳作，呈现出来的是一种立意之美，创新之美。创新价值主要体现在设计方面，包括题材、造型和雕刻手法等，是由艺术家主观创造与题材相统一所构成的独特的风格美。在雕刻工艺上，

图5-13　独山玉《花开富贵》摆件

借鉴各派玉雕风格和表现手法，落实艺术家的新颖设计，达到玉料、创新、形式、工艺、意境的完美统一，创造出具有时代作品的艺术作品。这种艺术作品是有个性的，有别于其他艺术作品且具有相对稳定性的显著特点。

四是名家效应。艺术创作作为一种特殊的个体劳动，其艺术水平的高低是衡量其艺术价值的关键因素。因为不同的玉雕设计师的艺术造诣是不同的，他们作品的市场价值的差别可能是极大的。吴元全、仵应汶、仵孟超、张克钊等工艺美术大师设计制作的独山玉，因为其在玉雕艺术上的造诣，在业界的知名度和影响力，其作品价值要比同类的玉雕作品高出许多。

图5-14　独山玉山子摆件

五是历史价值。在中国玉雕界，有少量的玉雕作品因其具有很高的历史价值而身价倍增。例如，1972年中美建交后，当时的镇平县玉器厂首席设计大师鲁明均设计制作了独山玉《银球传友谊》。这件玉雕作品突破了中国玉雕以往的题材范围，不仅是中国玉雕界思想开放的标志性作品，更是中美建交的历史见证，作品的工艺虽显得粗糙了点，但仍不失为一件有历史价值的作品，后被美国纽约现代艺术博物馆收藏。再如为了庆祝澳门特别行政区政府成立，河南省政府选定南阳独山玉雕《九龙瑬》作为送给澳门的礼物。还有张克钊大师设计制作的独山玉《妙算》，这件作品是中国玉文化发展史上的首件独山玉"黑白人物"作品，还荣获了2002年中国玉石雕刻"天工奖"银奖。当时，有位业界知名收藏家出价百万意欲收购。由此可见，一件玉雕工艺品的历史价值是很难估量的。

因此，一件独山玉雕工艺品的价值，要从以上五个方面去综合考量，而后才能确定其价值。当下，独山玉玉料品质有所下降，市场萎缩，我们应充分认识独山玉玉料的价值和独山玉工艺的潜在价值，重塑独山玉的价值体系。

第六章　独山玉雕的加工工艺与特色

中国的玉文化已经有 8000 年历史，今天所能看到的玉器文物，都会令我们慨叹古代玉匠们的智慧，甚至我们都无法想象那个时代的工具是如何琢制出那样的器形和纹饰；更无法想象一件玉器要耗费玉匠多少光阴才能琢成。

玉文化作为中华民族的文化基因已经深入到了我们的血脉之中，玉文化也将继续世代传承下去。我们只是玉文化传承接力中的一棒，我们要给后代留下什么样的玉雕作品，我们能为玉文化的发展做出什么样的贡献，这些问题都是需要我们面对的，这也要求玉雕师们要认真对待当代玉雕艺术，能在玉文化的流传中留下我们这个时代的印记。

玉雕是一门艺术，是创意和工艺的完美结合，是人文和自然的融合。玉是大自然的神奇产物，其自身就具有最为天然和质朴的美感。作为艺术需要美、作为工艺需要精，玉雕艺术是要对玉的不完美和瑕疵施以雕琢，使其趋于完美，让其天然美得到更好的展现。作为玉雕师需要有这样的能力，能看懂玉、读懂玉，能与玉进行"沟通"。这个过程需要有良好的艺术素养，需要有扎实的琢玉功底，需要有深厚的文化积淀，需要心无旁骛、潜心静思、精雕细琢。以最好的创意和工艺让每一块玉料都变成最为完美的艺术品。

第一节　独山玉雕加工工艺流程

独山玉质地坚韧，颜色丰富，雕刻作品题材广泛，有人物、动物、山水、花鸟、器皿等，所以加工工艺流程相比其他玉种较为复杂。主要分为四个阶段：

一、准备阶段

（一）选料

选择材料是雕刻的第一步骤，材料的性质决定着题材和雕刻的效果。独山开采出来的玉料，并不是全部都能作为玉雕的原料，要有选择性地利用。选料就是要抛弃那些质地和颜色达不到标准的玉料，筛选出可用的玉料。一般是由资深的玉石专家去选料，他们依据玉料的质地、颜色、透明度、光泽及块度大小等指标，将玉料划分出不同的等级。最好的为特级料，好的、较好的是一级、二级料，较差的是三级或等外料。初次选料非常关键，是后边工序的基础。

（二）解料

经过初次选出的料，一般体积较大，须分割成适合雕琢的小块玉料，这样便于更加科学、合理地利用原料。分割之后，要进行归类。根据独山玉的质地、色泽等规划出适于不同题材的玉料，例如适合做花鸟的为一类，适合做人物的为一类等，这种归类便于工艺美术师们进一步审玉，构思设计。

（三）审料

即审查原材料的情况，达到认识原材料的目的。设计者见到一块料后，要了解这块料的情况，研究料的特点，摸清料的内外变化，充分挖掘其内在美。审料的项目有：

1. 查看玉料的形状、质地特点、绺裂分布、杂质多少及分布状态、颜色种类及分布特点、外皮表现，称其重量，分清利用部分和剔除部分。

2. 按观察的情况安排审查工艺。审查工艺包括去皮、切开、挖脏、去绺裂等项目，显现所用颜色的形体和部位。

3. 依据玉料处理后呈现的初步状态，考虑造型和选定造型。

4. 依照初步考虑的造型，看与自己想象中的设计是否吻合，如果有问题可再做审查处理，逐步审料、逐步探索、逐步认识，直到设计定稿。

在审查玉料的过程中，已经把玉料质地、颜色等情况了解清楚，构思也更加成熟，这样就可以进行设计了。

二、雕刻阶段

（一）构思设计

设计是独山玉雕刻的灵魂，包括题材选择、表现形式、色彩搭配、材料利用、创造意境等，在弄清独山玉的料质、料形、料色之后，即可进入构思设计的阶段。依照玉料所提供的条件，经过反复琢磨和推敲，逐渐形成所要表现内容的若干腹稿，然后再对这些腹稿进行比较、选择，最后构思成一个玉料与题材相符的造型设计。

独山玉色泽丰富，有数十种不同颜色，这给工艺美术师们的构思设计带来了一定的难度。一件玉雕作品价值高低，与工艺美术师们的设计水准密切相关。工艺美术师不仅要在工艺美术方面有深厚造诣，还要通晓文学、历史、天文地理、风俗人情、珠宝玉石等方面的知识，否则就无法设计出高水平之作。在千变万化的独山玉料中，经常有一些色杂且花的玉料，创作设计者要因材施技，进行构思。

设计师在确定题材后，首先在玉料上画出整体轮廓，然后交给雕刻技工去掉大面积的角料，随后用毛笔或铅笔在整体轮廓上进一步细画，再交给雕刻技工雕磨，这个过程可能要反复数次，甚至数十次，视作品的情况而定。独山玉的绘图设计始终贯穿整个雕琢过程。由于玉料的复杂性和多变性，经常会出现原构思设计中意想不到的情况，这时设计方案就要有相应的调整，力争达到最佳的艺术效果。独山玉雕设计的可变性创作始终贯穿雕琢的整个过程，由此可见工艺美术大师们的构思设计在玉雕作品中起着至关重要的作用。

（二）雕琢

"玉不琢不成器"，一件精美的独山玉工艺品最终艺术效果是由艺人一点一滴雕琢出来的。独山玉的雕琢工序是最为艰苦、工作量最大的一道工序。只有通过这道工序，玉雕作品才具有艺术价值、经济价值、美学价值。这道工序主要由雕刻艺人依据工艺美术师们的构思设计，进行具体的雕刻操作。

玉雕艺人在雕琢过程中，并不是非常机械地按照设计方案，一点不漏地雕琢。玉雕艺人在雕琢过程中，常常给设计者提供一些宝贵的意见，从而使产品的造型更加合理，更加有艺术和经济价值。总之，雕琢工艺是整个玉雕工艺中最复杂、最艰苦的一道工序，这道工序一旦失误，则前功尽弃，后面的工序也就无从谈起了。也就是说雕琢这道工序在整个工艺过程中处于核心地位，前面的工序为它打基础，后边工序为它增加色彩。独山玉的雕琢技法比较广泛，有圆雕、镂雕、浮雕、平刻等。圆雕即立体雕，突出形象的造型美，可以四面观赏，它是独山玉雕中最常见的手法；镂雕，是独山玉雕中最有特色的技艺，常用在花鸟、山水题材中，镂雕追求"空""灵"的艺术效果，使作品玲珑剔透、繁花似锦；浮雕，适合创作扁薄玉料，分高浮雕和浅浮雕两种；平刻，讲究中国画的笔墨韵趣，具有中国画的艺术特点。

三、抛光阶段

独山玉抛光也是一道非常重要的工序，它直接关系到玉器美的程度。雕琢后的独山玉器表面并不是非常光滑明亮，要使其表面光泽亮丽，必须进行抛光。抛光就是把表面磨细、琢平，使其呈镜面状态，并达到明亮如镜的程度，使光照射其表面有尽可能规律的反射。由于玉雕产品造型复杂，所以，它的抛光难度较大，要求抛光技工必须小心、谨慎、全神贯注，各个面、孔都要抛到。抛光工序的最终要求是"亮如镜、润如油"，其工序大致可以分为以下几个环节：

（一）粗抛

在抛光过程中去除雕刻件表面留下的粗糙痕迹，把表面磨得细腻。去粗只能去除表面的不平整，不能伤害造型和纹饰，尤其是造型和纹饰的细部。不能因为细磨而使造型和纹饰变得模糊，削弱画面的立体感，损害作品的艺术效果。

（二）细抛

细抛是在粗抛的基础上进一步细致抛光。产品经去粗以后，基本上已做到初步光亮，即表面已很细腻光滑。但还要再加打磨，用胶铊150#、500#、1000#、2000#、3000#依次打磨。

（三）增亮

打磨以后，为了使表面有较强的反射光，还要增亮。增亮就是用抛光粉把产品磨亮。抛光粉蘸在旋转的抛光工具上，用力摩擦产品表面，使其表面平整并产生镜面光反射效果，达到如镜面般明亮的程度。抛光使用的抛光粉，其硬度要大于产品材质的硬度。独山玉用的抛光粉，其硬度要大于摩氏7度。

（四）清洗

产品抛光以后，要把产品上的污垢清洗掉，根据质地和造型的不同选择水洗、酸洗、碱洗、冷洗、热洗等方法清洗污垢。独山玉清洗一般采用水洗或热洗。

（五）上蜡

玉石上蜡的主要作用是保护玉石，使玉石看起来更有质感，使玉石摸上去更圆润。上蜡是玉石制品在抛光之后要进行的一道工序。蜡是油脂类物品，附在产品表面可以产生油亮的效果，也可填平微小低凹不平处，增加了产品表面的光的反射程度。上蜡通常有两种方式，一是蒸蜡，二是煮蜡。蒸蜡是预先将石蜡碾成粉末状，将玉件放在蒸笼上蒸热至80℃以上，然后将石粉洒在蒸热的玉件上面，石蜡熔化后使玉件表面布满石蜡，这种方法只局限于玉件表面；煮蜡，则是在一容器中将蜡煮熔，并保持一定的温度，将玉件放入一筛状平底的玉器中，连玉器一起浸入处于熔融状态的石蜡中，使其充分浸蜡，然后提起，迅速将多余的蜡甩干净，并用毛巾或布擦去附着在玉件表面上的蜡。这种上蜡方法可使蜡质深入裂隙或孔隙当中，效果较好。上蜡的过程中，不能因加温过高而损伤产品。产品经过上蜡后，要在热的时候擦拭和冷却后剔蜡，使油脂分布均匀和凝蜡不显著。擦拭用的棉质纸巾，以柔软吸油为好，剔蜡用竹木签子。蜡还有保护产品表面不被脏物污染的作用。独山玉雕产品经过抛光工序之后，其光洁度非常高，把独山玉艳丽的特质呈现给了观赏者，极为美观、高雅。

四、装潢阶段

装潢的目的，一是美化产品，二是保护产品。一般玉器都有底座和包装盒两种主要装潢，有的还有成套的包装，如底座上有玻璃罩，在玉器上结上丝绦、垂丝穗、镶金银等。近年来玉器装潢显得尤为重要，它对宣传玉器、给人良好的第一印象有着重要意义。

（一）底座

底座是玉器的主要装潢，它可提高玉器的身价，并使玉器放置平稳。玉器的底座有木、石、铜、铜镀金、金等材质，依玉器产品造型而设计，形状多为方形、长方形、圆形、椭圆形等。底座的高矮、宽窄、薄厚要看玉器的尺寸，太高、太宽、太厚会不协调，喧宾夺主；太矮、太窄、太薄又显得不稳妥。

底座的造型雕刻以玉器造型为依据，器皿玉器多用木座，木座以硬木制成，雕刻好后干磨硬亮，十分美观。花鸟玉器多用天然山木座，插屏多用支架座。

底座面承接玉器，按玉器的底平把座面挖深一层，叫"落窝"。落窝的深浅，以放置产品后稳、正、不紧、不旷为好，还要窝内干净利落。

金属座、石座不如木座使用广泛，但也有应用。"大禹治水玉山"就是用了金属座，"渎山大玉海"就是用了石座，很有代表性。

（二）包装盒

包装盒是为放置玉器而制作的，有纸、布、锦、木、金属盒等。盒内有软囊，用棉或泡沫塑料填入，糊有绸布里。绸布里的颜色选择依产品的颜色而定，以衬托产品颜色为主。产品放入软囊中，不紧不旷，和四周距离不可过大，也不可过小。包装盒的外表以纸、布、锦裱褙分档次，纸盒是低档，布盒是中档，锦盒是高档。还有硬木盒、花丝盒、漆木盒、珐琅盒、塑料盒等，用于不同造型和品种的玉器。

包装盒是产品主要的装潢，通过包装盒的档次大体能了解产品的珍贵程度。对包装盒的大小、里面料的选择及制作工艺，都有技术要求。

第二节　玉雕制品分类

我国玉雕历史悠久，加工技术成熟，玉雕工匠们通过对天然的玉料的精心设计、研究和雕琢，将其雕刻成精美的工艺品和装饰品，巧妙结合其形状、颜色以及图案，构造出独一无二的玉雕作品，供人们欣赏和使用。

根据玉雕制品的功能、造型、雕刻类型有三种分类方法：

按功能分为：玉石首饰、玉石把玩件、玉石摆件。

按造型分为：器皿、人物、花鸟、瑞兽、山子、牌子、盆景、插屏、屏风。

按雕刻类型分为：圆雕（立体雕）、浮雕、透雕、阴刻。

一、器皿

制作器皿是玉雕中最难的工艺技术，在用料、设计、琢磨、抛光方面都有自己的特点。目前大量生产的玉制器皿造型多仿清代玉器和古代青铜器，还有实用器皿如壶、碗、盘，文房用的笔洗、笔筒等。

器皿造型以炉、瓶为主。器皿造型最重要的是规矩四称，造型和纹饰相协调。它选料严格，脏、绺去净后才能加以设计，带有脏、绺是大缺点。

（一）炉

标准炉是圆腹、缩口盖，盖上有顶纽兽，腹两边有兽头耳衔环，下有兽面纹三腿。质量指标是选料干净，琢工细腻，兽纽、兽头、兽面造型大小合适、紧凑、对称。变形炉有荸荠扁炉、五环炉、高庄炉和亭子炉。以亭子炉造型最复杂，工艺技术要求高，变化也大。

（二）瓶

瓶的造型多种多样，有圆肚瓶、观音瓶、齐肩瓶、梅瓶、方瓶、棱瓶、鸡腿瓶、蒜头瓶、扁瓶、葫芦瓶等。瓶上双耳和盖纽琢以各种造型。瓶身有素的，有周身纹饰的，有开光纹饰的，有浮雕纹饰的，有圆雕纹饰的。瓶膛在光照下可看出和瓶身造型一样。

（三）薰

薰造型一般由五节组成，从上到下分为顶纽、盖、腹、中柱和底座，用螺丝扣拧接组成。顶纽一般雕琢龙、瑞兽首、花头，下衔小环。盖做镂空花，在镂空花中有的开光做浮雕。瓶身有素的，有浮雕花纹的。瓶身上的两耳做镂空雕，有龙、凤、花造型，两耳垂环。中柱随造型变化，可长可短，也可不要，有中柱的一般有四小环。底足以浮雕花饰为主，丝扣在各节中部做出三、四扣。南方薰多链，顶盖之间加节，使顶高竖起来。腹和足之间也加节，纹饰也多，显得玲珑精致。

器皿上的纹饰有镂空花、顶撞花、阴勾花、浮雕花等，这些花纹的质量要求以搭配协调、线条准确、形象生动、干净利落为准。器皿中的子母口在质量要求中也很重要，以深浅适度、规矩严谨为好。

二、人物

玉件人物的特点：玉件人物以古装人物为主，但不限于古装人物一种，现代人物亦常有制作。古装人物有神仙、佛、老人、小孩、仕女及有故事情节的人物等。玉件人物的用料比较干净，也就是底子匀、色匀。尤其人脸部位的料质、料色更明快干净。

（一）仕女

通常仕女拿花持扇，装束为古装小姐打扮，发髻卷于顶上，发丝下垂至背部，长裙拖地，宽袖下垂，腰围二道裙，系带束腰打结，汗巾下垂，脚下衣纹做出碎步姿态，复杂一点的加上各种首饰等。仕女的造型要用料恰当，身段秀丽，脸美、喜相，手拿物俏气、真实。

（二）小孩

古装小孩根据古画百子图中的形象造型，也有赤身顽童的作品。童子以稚气、顽皮、生动为好。

（三）老人

老人的形象比较多见，题材有东方朔偷桃、太白醉酒、天官赐福、寿星等。老人刻画要求脸部特征鲜明、宽衣大袖、造型喜庆。

（四）佛

佛像有如来佛、番佛、弥勒佛、观音、多臂佛等。

1. 如来佛的形象如寺庙正中殿堂的塑像，是正宗佛的形象。肩宽，盘膝做手势，慈眉善目，鼻直口方，二目下视，方圆脸，大耳垂肩，显得端庄肃穆。中级料经常做的是三尊佛，称为"三大士"。

2. 番佛

番佛是印度佛造型，袒胸、披袈，身着璎珞，造型比较活泼，身段比较优美，多出现在高级料作品中。

3. 弥勒佛

这是人们喜闻乐见的一位佛的形象，以大腹便便、开怀大笑为特点。低、中、高档料都可制作。

4. 观音

观音是人们喜爱的形象。中国对观音形象的艺术创造已很完美，玉器观音造像有童子拜观音、观音渡海、水月观音等。

5. 多臂佛

玉器多臂佛有四臂佛、六臂佛、八臂佛，造型比较活泼，经常用高级料制作。

除以上各种佛外，还有各种造型的菩萨，如文殊菩萨、普贤菩萨等。

（五）仙人

仙人形象和姿态随玉料的条件而定。仙人形象有一定的特征和表情，技术难度大一些，做不像反而不美。经常出现的有八仙、和合二仙等。十八罗汉本是佛，在玉器中也以做仙人的手法制作，如伏虎、降龙罗汉等。有一些女性仙人以仕女手法制作，如花仙、麻姑、青蛇、白蛇等，其形象和仕女没有太大区别。

佛和仙人的高质量作品是玉器人物很重要和有代表性的作品，玉器中的俏色作品多出于此类题材。

图6-1　独山玉佛挂件

（六）历史名人和有情节的作品

选用历史名人和情节故事片断作为人物创作的题材，难度较大。有的作品起的名称很好，但造型很一般，反映不出名称所含的内容。高质量的作品应该名称和内容一致，做到名副其实。有的作品的主题虽然并不是著名的历史题材，但细观作品仍能使人感受到明显的情节。这些作品都属于艺术创作范畴，给玉器艺术增加了无限的光彩。

三、花鸟

（一）玉件花卉

玉件花卉是一个主要以雕琢技巧表现写实花卉的品种。花卉要做得自然玲珑，穿枝过梗的草虫也要做得栩栩如生。

玉石料很脆，单独表现花卉容易折断损坏，所以花卉常傍以瓶、花插和山石静物，傍以瓶的最多，又称为花卉瓶。

花卉做工玲珑，不宜使用色暗的、纹裂多的玉料。因此花卉所选玉料较整齐，料色多明快，质地也较坚韧。

图6-2　独山玉《富贵平安》摆件

傍以瓶和其他静物的花卉作品，花卉四周写实雕琢，有主次面，主面花叶茂盛，次面略加点缀。瓶身和瓶盖上的花卉相互衔接，形成一体。也有瓶盖上是折枝花的，与瓶身花不衔接。

中、低级料以制作花卉瓶为主，是常规产品。瓶盖上的折枝花、瓶身上的主花多是牡丹、月季，也有以萱草、君子兰的叶为主的，一般是以正面花为主，背面为点缀，草虫也只选用蝴蝶、蛾等简单造型。

花卉造型变化比较大，工艺也细。由于花卉的穿枝过梗和花形的变化，在用料上很讲究。用花卉把质地优、颜色好的料全部占上，把瑕疵用镂空去掉，所以花卉产品做成以后，料质料色要优于材料的原貌。

一般用草虫、动物作为花卉的陪衬，以增加花卉作品的情趣。草虫有螳螂、蝈蝈、蟋蟀、甲虫、蝴蝶等，做得栩栩如生、生机盎然。多种花卉相搭配，花卉与草虫为主题是常见的作品，取用中国传统的吉祥名称，如岁寒三友（松、竹、梅）、四君子（梅、兰、竹、菊）、松鹤。

由于花卉作品用料比较灵活，有一个章法布局问题，这常常是评价花卉作品质量优劣的一个重要指标。布局顺生态自然规律，又巧做变化，使花卉聚散、线、

图6-3　独山玉粉红挂件

面、体完整，如枝干的苍劲，花头的挠折，花叶的穿枝过梗、翻卷折叠，草虫、动物的呼应，眼地的镂空，瓶身的秀丽，山石、野花的点缀都要恰到好处。在做工上要叠挖自然，枝、梗、叶、蒂、花瓣、花蕊，草虫的头、须、翅、腿都要做得干净利落。

花卉在玉件中是立体的细腻作品，如同国画中的工笔画，细腻得连叶筋都要做出，只求写意效果是不行的。但这并不是说，花卉作品越繁越好，细腻和繁不同，细腻是烘托造型，繁是破坏造型。因此，我们看一件花卉作品的好坏，要从造型和细腻入手，不是从繁入手。

（二）玉件花鸟

玉件花鸟是近几十年来日趋兴盛的产品，鸟有仙鹤、凤凰、锦鸡、鸡、鸭、鹰等造型。花鸟玉雕工艺正在发展时期，有的以鸟为主，以花为辅，有的花和鸟并

重，好的花鸟作品要求注意鸟的形象和动态，鸟和花的呼应关系。花鸟产品多用中低档料制作，常有俏色鸟作品出现。成对的鸟要求两只颜色、透明度、质地、造型、高矮一致。

四、瑞兽

玉件瑞兽是以动物为题材的玉器。古代玉件动物作品已很有水平，有造型生动、变化自由、写实与装饰手法熟练的特点。瑞兽用料很杂，高、中、低档料均可，大、中、小件都有。

1. 按动物的造型变化可分为写实瑞兽、传统瑞兽和瑞兽形器皿几种。

（1）写实瑞兽

多为马、牛、羊、猪等十二生肖，象、骆驼、鹿等其他动物也有制作。

（2）传统瑞兽

有狮、貔貅、龙等。

（3）瑞兽形器皿

有牛罐、羊罐、牺尊、鸡尊等。

2. 各类瑞兽造型特点

常规马、牛、羊、象等有常规做法，多成对，也有成套的，如"十二辰"、"八马"等。

（1）马

马有立、卧、扑、仰、踢、跳、跑、嚎等不同姿势。掌握马身的矫健、头型的机警是做玉马的关键，还要注意马头的筋骨、前胸的丰满、后小肚的上提和腿关节蹄寸的安排。汉马、唐马都是我国传统马的优秀造型，常有模仿。

（2）牛

牛主要有立式和卧式，重点在头型，尤其要注意牛眼的有神。身体主要是胯骨，在粗大牛身中要突出脊、胯、臀骨骼。

（3）羊

羊有山羊和绵羊。山羊跳跃顽皮，绵羊温顺平和。山羊比绵羊头小、嘴尖、身瘦。做羊要注意腿和头部的造型。

（4）象

象的体形宽大，四肢粗壮有力，前身高，后身低，鼻子上卷自然，脑包、眼泡、扇耳、牙根都是象的重点部位，处理好了能提高象的动态和传神。

（5）狮

无论是走狮还是门蹲狮，都是中国传统狮造型，以头型最重要。传统动物和兽形器皿虽然制作很多，但多仿制古代造型，造型和工艺要求也较高。

（6）貔貅

貔貅造型主要是：龙头马身，身上披鳞，腹大，长尾，麟脚，会飞，额下有长的卷胡须，两肋有短翅双翼，有角，突眼，大口，长獠牙，毛色灰白，鬃须常与前胸或背脊连在一起。

瑞兽是人们喜闻乐见的品种，需求量很大，在质量上除去做什么像什么外，最重要的是动态。做动物玉件要了解动物的习性，掌握动物的动态规律。

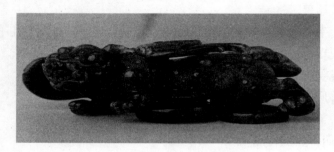

图6-4 独山玉貔貅手把件

五、山子

利用玉石之自然形态，因形赋形，雕琢山水人物，称为玉山子。这种造型有的小巧，可于几案陈设，有的重千斤，置于室内堂馆，气势宏伟。玉山子按玉料的形状、颜色、绺裂进行设计，去除瑕疵，掩其绺裂，顺其色泽，使料质、料色、造型浑然一体。

山子在设计中随料立意，可简单，可复杂，可浮雕，可深雕，可山水人物，可楼台殿阁、草屋石洞，可牛马动物、翎毛花卉，在远近景散点透视中，布局描绘，以取得材料、立意、加工方面的统一。因此，玉山子造型自由性较大，设计者可以尽情发挥用料的天赋，使作品更富有诗情画意和立体感。

六、牌子

矩形牌子形制较规整，长、宽、高比例适中，随形牌子造型自然流畅，充满美感；牌头与牌身比例协调，纹饰样式与用料匹配；玉牌内容吉祥，构图合理，诗文、题款与构图协调呼应；雕刻深度适中，与牌子厚度相匹配，边框平顺，纹饰精细。

图6-5　独山玉天蓝料牌子

七、盆景

景致的造型要主题突出，疏密有致，层次分明，盆景的设计与用盆比例协调，具有良好稳定性；多种材质组合要匹配性强，能够交相呼应。写实风格的玉石盆景中的花卉、叶片、枝干雕刻精细生动；写意手法雕刻的意境要表达准确；花盆的雕琢要按照器皿的工艺要求进行。

八、插屏

插屏的大小要与底座匹配，风格统一；图案设计适于浮雕；组合式插屏相互之间要有一致性和关联性，拼接精准，规格一致。插屏形状规整，雕刻繁简适度，工艺精细。

九、屏风

屏风的框架要有良好的匹配性，厚度适中，图案设计适合雕刻，浮雕、阴刻雕、透雕的尺度要与屏风的规格匹配，组合式的屏风用材及图案设计要有一致性和关联性，边框底座与玉板大小匹配，风格协调。

图6-6　独山玉屏风

第三节　玉雕工艺中"工"和"艺"的关系

一、"工"的优劣，决定了"艺"的成败

中国古代的玉雕制品同其他雕刻品相比较，因为材质的特性，玉雕制品有着其自身的特点——圆润、流畅、端庄、精巧、通透等，而其中，圆润、流畅与精巧是最突出的。

从玉文化的发展史上来看，在玉雕作品的制作中，工艺应该是占有着相当重要的地位。例如：红山文化玉器、仰韶文化玉器、良渚文化玉器、龙山文化玉器，一直到春秋、战国、西汉、东汉至明、清的传世玉器佳品，无一不是以工艺的精良、精致筑就了独具特色的中国玉文化史。

古人云"玉不琢，不成器"，一个"琢"字道出了其工艺的主导地位，没有

"工"，就无"艺"。就雕琢而言，"工"起到了主要的作用。然而"琢"要琢多少，没有定论，要因材而异，因人而异。最后所显现的是艺术的思想主题，文化内涵，同时表现出琢玉人自身的技艺、学识、修养等综合素质，以及对玉料材质，包括形态、色泽、质地的充分合理的运用。

图6-7　独山玉粉红摆件

二、现代玉雕的几种表现

　　第一种是经过雕琢的，主题明确，一目了然，谁看了都明白这是什么题材、要表达什么思想，这正是工艺帮助我们解决了观赏与理解的问题。

　　第二种是未经雕琢，自然形成的，原材料本身无须任何琢工，即可成为理想的收藏品、观赏品，有形象的、有抽象的，此类品种大多主题不明确，不确定的因素较多，透露着玉种原始的韵味。

图6-8 独山玉貔貅摆件

第三种是那些经过雕琢，且形制抽象、造型奇特、纹饰神秘的制品，运用抽象的艺术语言来表达设计者的思想、意识。此类作品由于形制的抽象性和含义的不确定性，会使人们产生不同的联想，形成多种理解。形式不同，内涵不同，形式相同，内涵也不同，不同的人会得出不同的结论，同一个人在不同的时间、地点观赏，同样能得出不同的结论。这一切都因艺术倾向性不明确，思想性不强，艺术观念模糊。所以，抽象是有局限的，可欣赏的程度、范围有限。

因此"琢"字包含两个方面的意义：一是雕琢，用手工琢；二是思想，用思想琢，我们常说的"琢磨琢磨"就是这个意思。只有做到了这两点的结合，并通过对一块玉石原料的反复思索、推敲，施以精湛的工艺，玉雕作品的艺术性方有可能充分展现出来。

第四节 玉雕制品工艺质量评价

广东省珠宝玉石及贵金属检测中心、北京博观国际拍卖有限公司、国家珠宝玉石质量检验中心、四川省产品质量监督检验检测院联合起草的国家标准《玉雕制品工艺质量评价》（GB/T 36127–2018）已于 2018 年 12 月 1 日正式实施，该标准从我国玉器产业实际情况出发，在对国内玉石市场充分调研的基础上，形成了一套科学合理的玉雕制品分类和工艺质量评价及评级的方法，解决了我国玉雕评价的关键性技术问题，对促进我国玉雕行业发展、弘扬玉石文化具有重要意义。该标准按玉雕制品造型分类，从选料用料、造型设计、雕琢制作工艺、配件四个方面对玉雕制品进行工艺质量评价。主要适用于未镶嵌玉雕制品的工艺质量评价，宝石雕刻制品、镶嵌玉雕制品可参照执行。

一、选料用料

（一）材质运用

1．玉雕原料的选择应充分考虑其力学性质和化学稳定性，并采用恰当的工艺，保证制品的耐久性；

2．对原料进行合理利用，遮蔽或利用瑕疵，实现原料价值最大化；

3．巧妙利用材料质地的均匀或不均匀的特点，产生独有的艺术效果；

4．合理利用材料的特殊结构，以形成特殊光学效应、特殊光泽等。

（二）形状运用

1．玉雕制品应依原料的形状造型，尽可能充分利用原材料；

2．对材料形状的取舍应与设计题材相得益彰；

3．玉雕制品的形状应美观大方，遵循力学平衡原则。

（三）颜色运用

1．原料颜色利用应与设计题材吻合，并充分展现原料颜色的美；

2．满色的原料应展现原料色彩的均匀性和最佳色彩；

3．颜色不均匀的原料应对其进行恰当的取舍或有层次的处理，剔除或合理利用杂色；

4．颜色对比鲜明的原料应采用俏色雕刻技法，俏色分明，烘托表现题材。

（四）皮壳运用

1．对原料皮壳的利用应与设计题材相吻合；

2．原料皮壳取舍恰当，对原料皮壳的利用不应影响玉雕制品的完整性；

3．若原料皮壳存在多层色彩，应充分加以利用。

（五）绺裂处理

1．玉雕用料时应剔除原料中的重大绺裂，避免影响玉雕制品的耐久性和美观性；

2. 无法剔除的绺裂应加以合理的遮隐或顺势利用；

3. 若局部存在绺裂，应以不影响耐久性及美观性为前提。

二、造型设计

玉雕制品造型设计的基本要求：

1. 雕刻题材的设计应充分利用玉石材料的特性，取势造型，俏色巧雕，充分展示玉质美；

2. 雕刻构图布局合理，疏密得当，比例均衡，重心平稳；

3. 纹饰线清晰顺畅，精细紧密，简洁大方，有强烈对比和节奏变化；

4. 主题突出，题材新颖，意蕴深刻，情趣盎然；

5. 陪衬物与主体协调，不喧宾夺主。

三、雕琢制作工艺

（一）雕刻琢磨工艺要求

1. 造型雕琢准确，整体风格协调，工艺水准均衡；

2. 弧面、平面平滑顺畅，起伏有致，不出现波浪状或其他雕刻瑕疵，充分地反映玉质之美；

3. 线刻线条平顺，粗细均匀，深浅一致；游丝毛雕形若游丝，细如毛发，若隐若现，跳刀不断，线条短而密实。

（二）打磨抛光工艺要求

1. 打磨遵照先粗后细的原则，依次使用合理细度的研磨材料；

2. 打磨不破坏、不损伤、不改变原有的线条、弧面及图案；

3. 整体作品的打磨光洁度均匀，无沙坑、划痕、波纹面，不留死角；

4. 整件玉雕制品抛光光亮程度均匀，亮度与作品的属性相契合，表面无抛光粉或其他残留物。

四、配件

（一）底座

1. 底座也是玉雕制品的组成部分，制作工艺及风格应与玉雕制品主体相协调；

2. 底座结构符合力学原理，保证玉雕制品平衡稳定；

3. 底座应牢固耐久。

（二）配饰

玉雕制品的配饰应与玉雕制品主体协调一致，具有良好的关联性，工艺精细。

五、评价等级

评价要素包括：选料用料的合理性、造型设计的完美性、雕琢制作工艺质量的优劣、配件的匹配性。

表6-1　选料用料评级表

选料用料合理性	级别	综合评价
选料用料合理正确，充分利用了玉料的形状、颜色及质地的特性，小件成品无瑕疵，无绺裂，中大件成品对绺裂进行了合理的遮隐或顺势利用，皮壳的留存不影响造型完整性	优	用料精准
选料用料合理，利用了玉料的形状、颜色及质地的特性，小件成品有少许瑕疵、绺裂，在隐蔽处；中大件成品对绺裂进行了遮隐或顺势利用，皮壳的利用对造型完整性有一定影响	良	用料得当
选料用料基本恰当，部分利用了玉料的形状、颜色及质地的特性，小件成品存在瑕疵、绺裂；中大件成品对绺裂未能进行有效的遮隐。皮壳使用存在不合理性	中	用料尚可
选料用料不当，未能利用玉料的形状、颜色及质地的特性，小件成品存在着明显的瑕疵、绺裂；中大件成品对绺裂未能进行遮隐。皮壳使用不合理	一般	用料欠佳

表6-2　造型设计评级表

造型设计的完美性	级别	综合评价
选题高妙，主题突出，创意独特，意蕴深刻，充分利用了原料的特性；构图布局唯美，内容丰富，层次明朗深邃，疏密得当，造型精准，线条清晰流畅，富有艺术感染力	优	神形俱佳
选题合理，主题准确，创意有趣，合理利用了原料的特性；构图布局清新，内容充实，层次错落有致，造型准确，线条清晰，有艺术表现力	良	神形兼备
选题合理，主题准确，有效利用了原料的特性；构图布局合理，内容适度，层次分明，造型平庸，线条平顺，有一定的艺术表现力	中	神形平庸
选题欠妥，主题不鲜明，缺乏创意，未能充分发挥原料的特性；构图布局欠妥，内容单薄，层次模糊，造型失衡，线条失准，艺术效果欠佳	一般	神形俱散

表6-3 雕琢制作工艺评级表

雕琢制作工艺质量的优劣	级别	综合评价
雕琢技法应用高妙,工艺精湛;平面、弧面平展光顺;线条平滑顺畅,粗细均匀,深浅一致,翻转流畅,遒劲优美;子口严密;链条匀称平顺;抛磨流程正确,工序到位,平整均匀,光洁度运用得当	优	工艺精湛
雕刻技法应用正确,工艺精良;平面、弧面基本平展,局部呈波浪状;线条顺畅、粗细均匀度欠佳,深浅不一,存在雕琢瑕疵;子口严密;链条匀称;抛磨流程正确,工序到位,抛光均匀,光洁度欠佳,局部抛磨不到位	良	工艺精良
雕刻技法应用基本正确,工艺平庸,存在雕刻瑕疵;平面、弧面平整度欠佳,局部呈波浪状;线条顺畅,粗细不均匀;子口吻合度欠佳;链条均匀,平顺度欠佳;抛磨流程正确,抛磨平整度、光洁度存在瑕疵	中	工艺顺畅
雕琢技法应用不正确,工艺粗陋,存在明显雕刻瑕疵;平面、弧面不平;线条僵硬,粗细不均匀;子口不实;链条大小不匀,平顺度不佳;抛磨工艺不到位,平整度、光洁度存在明显瑕疵	一般	工艺粗糙

表6-4 配件评价表

配件的匹配性	级别	综合评价
设计精巧、制作精湛,与主体完美呼应,相得益彰;形制精美,艺术效果凸显;平稳大气,经久耐用	优	相得益彰
设计合理、制作精细;形制规整,与主体匹配呼应;耐久性尚佳,有一定艺术效果	良	交相辉映
设计水准一般,制作完整,形制平淡,与主体的统一性欠佳,未能产生良好的艺术效果	中	平淡无奇
设计水准低下,与主体不匹配,制作粗糙,耐久性欠佳	一般	格格不入

第五节 南阳独山玉雕的特色

我国传统儒家思想中认为"玉,石之美者,有五德,仁、义、智、勇、洁也",人必须拥有这些品德才能够真正成为一个"大写的人"。工匠在对独山玉进行雕刻时也追求"色、工、意、形、质",其中"质"主要是指将部分较为灰暗粗糙的杂质进行剔除,仅仅留下具有较强光泽、质地较为坚韧的部分,以此来让独山玉的品质得到较大幅度的提升;"色"主要是通过石料的不断变化,采取较为明亮的色彩来彰显其五彩缤纷的效果;"形"主要是指所打造出来的外观应当具有大气逼真的效果,造型要能够变化多端;"工"主要是指所采取的雕刻工艺,包含透雕、圆雕、浮雕、镂雕、平雕等手法，线条应具有流畅优美的特征；"意"主要是指创作出来的作品应具有较为强盛的生命力，一定要体现出艺术与精神有机融合的意蕴。

从整体来看，南阳独山玉雕给人一种收放自如的感觉，不但包含了京津地区玉雕的豪放大气、端庄严谨，同时也具有苏杭地区玉雕精致婉约、细腻柔美的特点，并与河南南阳本地的文化特点进行了有机融合，形成了独具一格的"中原风格"。南阳独山玉雕以其色彩中的俏色而显得弥足珍贵，由于其外观五彩斑斓而具有无穷的魅力。南阳独山玉雕以红色、绿色、白色、紫色、黑色、黄色以及青色作为主体颜色，并辅以数十种的过渡颜色，带给人美妙的观感。与和田玉相比，独山玉雕不及其温润；与翡翠相比，独山玉雕不及其通透，但它缤纷多彩的外观之下包含着无数匠人的精雕细刻，厚重大气，华丽却不落入俗套。南阳独山玉雕的花活工艺精湛，构思巧妙；素活返璞归真，以形赋神，将玉料自身的特点彰显得淋漓尽致。

由于独山玉出产于南阳，它也被称为南阳玉，部分学者从地域文化的角度来解读独山玉雕艺术，继而形成了南阳玉雕这一表述。独山玉雕与南阳玉雕，二者在本质上指的是同一类艺术形式，即南阳地区的独山玉雕刻艺术，而作为非物质文化遗产的镇平玉雕与其是一脉相承的。

独山玉雕讲究因材施艺，提倡在尊重玉料的前提下开展艺术创作，这一点与中国传统文化中"天人合一"的追求一致。例如，在选料、制作的过程中，独山玉雕的三个基本要求和技巧概括为"净""顺""通"，其中，"净"是把玉料上的瑕疵、斑点去掉，用南阳方言说就是"摘干净"；"顺"则要求顺势而为，因材施艺，强调对玉料的尊重；"通"是处理玉料时所采用的方法，在设计、雕刻过程中布局与实施时应通观全局。"净""顺""通"既是独山玉雕艺术表现的基本原则，也是为人处世的人生哲理。玉石本身有其天然的"缺陷"，这些往往是它独具特色的地方，每一位玉雕艺人都深知自己的使命，尽力把玉料的美发掘出来。做玉如做人，需清白端正、顺势而为，修身养性顺应天命。

此外，独山玉雕中在材料运用上追求"俏而不花"，是说选料应以颜色作为依据，单色玉料重在造型，多色玉料则讲究俏色，俏色是为了形成整体造型，如果使艺术形象变得琐碎，就不符合俏色的要求了，这就是所谓的"俏而不花"。再如"挖脏去绺"，所谓"脏"就是玉料中的杂质、斑点，需要将其挖干净，变脏为俏；"绺"则是裂痕、生长纹，也需要将其处理干净。当然"绺"与"脏"是不同的，其一般是玉石天然的缺陷。在挖不净的情况下，就要将它们"藏"起

图6-9　独山玉《长寿如意》摆件

来，不能强求、武断。一个"藏"字，充分展示了独山玉雕艺人的巧思智慧，恰与"藏拙"的人生哲理异曲同工。例如：创作者将玉料本身的颜色深浅变化与荷花自然形态特征相结合，将白色玉料雕刻成荷花，深色玉料雕刻成荷叶，同时玉料上的自然纹路和天然瑕疵，也就是玉石本身的"绺"掩藏在荷叶中，成为荷叶自身肌理特征的一部分。

玉匠们始终能将尊重玉料本身作为艺术创作的前提，做到"巧形"（巧妙借用玉料的自然外形）、"巧色"（形色相依，将独山玉玉料本身多色的特点与现实生活中色形相似、相近的物吻合）、"少雕"（依形而就、少工保料，保持独山玉原生态之美）、"精雕"（精雕细刻，以精确的造型表达出艺术形象的内在生命力）。独山玉雕就是通过"巧形""巧色""少雕""精雕"，做到形神兼备，传递出一种朴拙、自然、原始的美，体现玉雕的审美意蕴和情趣，是人们体验生活、感悟生命、描绘世间万物时的情感表达，反映了当地民众长远以来的审美定势和娱乐志趣，是南阳民间艺术精神的延续。

第六节　独山玉俏色巧雕艺术

众所周知，独山玉的颜色特别丰富，色泽异常鲜艳。主要有白、绿、紫、黄、红、黑和蓝七种，白色清透，粉色娇艳，紫似葡萄，黄如金秋，黑比墨炭，天蓝翠色浓妍。玩玉之人尽知，在一块天然原石上，三色为巧，四色为宝，五色世上难找。但是独山玉却常常多色伴生，间杂各种过渡色，形成数十种色彩，光怪陆离，其多彩性是其他玉种所无法比拟的，多色伴生也成为其最为鲜明的特点。

独山玉多色共生的方式大致可以分为两种，一种是团块状包裹结构，这种相互包裹的独山玉，在两种色彩中拥有相对较为明晰的界限，中间的过渡色带相对较窄。另外一种多色共生是带状不规则间杂分布，不同的色彩之间分界不十分明晰，呈渐变状过渡。

通常情况下，一块独山玉不超出三种颜色，如果出现四种甚至五种以上的颜色相伴而生，会让拥有者欣喜若狂，但随着色彩数量的增加，对设计师创作能力的考验增大。在玉雕界，恰切地利用一块玉料上的不同颜

图6-10　独山玉《荷韵》摆件

色，合理地进行艺术创作的工艺，被称为"俏色艺术"。独山玉天然的多彩之色，为设计者提供了进行俏色创作的无限发挥空间，根据独山玉的色彩分布特点，设计师会采用不同的用色处理方式。

团块状包裹结构的多色独玉，设计师一般遵循顺色立意的处理手法，参照自然界中相近的事物选择合适题材，在俏色工艺中选择"择净"的方式，力求用净和用绝，按照造型的需求，进行选择性的剪裁处理，使其为整体造型和设计创意服务，努力做到"一巧二绝三不花"，独山玉的俏色作品大多采用这样的用色方式。此类作品一般采用圆雕的处理手法，造型严谨生动，具有较多的写实特质，更多倾向于中国工笔画的画风特征。

对于多色渐变间杂的独山玉，无法采用传统俏色工艺将各色澄清择净，所以设计师需要另辟蹊径，考虑"混色意用"的处理手法。多数情况下，综合玉料本身的色调和外形特征，在尊重原料的前提下，采用"依形就势"的处理方式，顺应色彩的分布规律，充分利用独山玉色彩交织渐变的特点，写意化处理，根据主

色调和色层分布特点，大面积虚化处理，不做细节造型，进行作品意境和氛围的营造和创设。而在作品的焦点和主题部位，主体造型精工写实，采用圆雕到浮雕的综合应用，从焦点部位向周围延展弱化，配合色彩间的渐变，使之产生虚虚实实、真真假假的交错，留给观者更多的遐想空间，使作品耐人琢磨，回味无穷。这种无招胜有招、无声似有声的艺术上的含蓄，和点到为止、恰到好处的分寸拿捏，往往成为作品的精妙之处，类似于中国传统文人绘画表达上的含蓄和境界上的开阔，使这种独山玉俏色处理更具有中国画写意或者兼工带写的表现特色。

古人云："玉不琢，不成器"，"玉虽有美质，在于石间，不值良工雕琢，与瓦砾不别"。独山玉雕刻设计师别具匠心、独具慧眼，发现原材料的美，顺色立意，依形就势，巧用独山玉的色彩、纹路和外形，"巧色、巧形、巧纹路"，在保留独山玉天造地设的原生美的同时，局部精雕，点醒主题，将人工智慧和天然之美水乳交融，让人不禁感叹鬼斧神工，拍案称奇。

传统玉雕俏色工艺比较强调色彩的巧妙和用净用绝，但是对于多色混杂的独山玉，设计师创造性地"混色意用"，开创了独山玉雕刻艺术新的语汇表达，推动了独山玉雕刻艺术的发展进程，使独山玉雕刻艺术呈现出多样性和丰富性。玉雕是一门有体积、有空间、三维的造型艺术，这种四两拨千斤的处理手法，留给观赏者更多的留白和互动空间，看似雕工省略，但内行尽知，创设一种无形的意象远比再现一个具体的形象要困难得多，若能够让坚硬的玉石幻化出一种柔软的情愫，使作品意趣盎然，对那种"增之一分则高，减之一分则矮"火候的把握，反而更加考量设计师的艺术素养和对作品整体的把控能力。

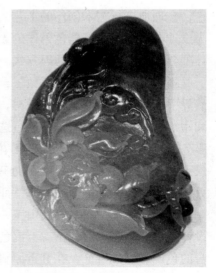

独山玉的多色给设计带来更多的可能，最终的呈现是玉石和设计师的相互成就，这种顺势而为，物我相融，天人合一，恣意天然，将巧妙的匠心隐藏于天然的玉作形象之后，写实与写意间随意切换交融，互为流转，虚虚实实，亦真亦幻，任由观者思绪在其间游走跳跃的审美体验，也恰恰成为每一个独山玉爱好者收藏品鉴的至臻境界。

也正因为独山玉丰富多变的色彩，和难以预料的不确定性，使得独山玉机雕量产的

图6-11　独山玉挂件

可能性几乎为零，也正因为纯手工的雕琢打磨，和高附加艺术内涵的植入，使得独山玉作品具有唯一性和稀缺性，每件独山玉作品与生俱来的孤品特质，为其他玉种所无法比拟，也大大提升了独山玉的收藏价值。

第七节　独山玉点影雕

河南南阳师范学院华夏玉文化研究院玉道堂的点影雕作品《荷上清风》荣获中国首饰玉器百花奖金奖，作者刘源远也成为独山玉点影雕的创始人。

一、"点影雕"创意起源

点影作品灵感来自良渚文化玉神徽细若牛毛的阴刻线（显微镜下它们是由一个个小点刻组成的），和战国时期的彩雕漆画，以及法国拉斯科岩洞壁画，后期又吸收了现代艺术营养，如烙画、汉画、影雕、油画、国画、版画、微雕、素描多门艺术之长。刘源远先生创作的初衷是对玉雕艺术的热爱，满足

图6-12　独山玉点影雕作品《荷上清风》

自我的创作愿望。独山玉有种天马行空的个性，创作"点影雕"亦是在追求一种随心的创作生活。他接触到玉雕后，初期创作风格受石峰、王玉敬等大师作品启示，后期创作思想上得益于华夏玉文化大讲堂创办人江富建先生指引，长期研读中外线刻艺术的演绎历史，兼收并蓄后，手法上逐渐趋于中西合璧。他对中外线刻艺术不断临摹，开阔了视野，决定摆脱工艺味道，不按常规出牌，尝试着把线刻形式上升到艺术品的高度来做。通过继承和挖掘玉雕线刻技法的潜力，走具有中国艺术特色的玉雕路子，不求完美，但求新意。

二、点影雕艺术设计原则

首先强调作品的设计前提，以尊重和传承玉文化为己任，不造作、不逾越天地理法，广纳华夏文化中一切美的追求。具体施技时，传承良渚神徽以点带线，以线带面，轻重缓急，疏密有致的技法，不追求现代玉雕工艺的机械工细，直追古法，更在乎手工感和呼吸感；构图方面，回溯宋代极简艺术原则，往往以一个最合适的中心点来布置构图，画面交代详略得当，强调纵深感，坚持以最少的符号化语言表达最深的意境。

图6-13　独山玉点影雕作品《自在》

三、线刻的重要性

"点影雕"目前重点是研究线刻艺术，但它有个核心的艺术观念，并没有指向单纯的线刻作品，它有纯浮雕的，也有纯圆雕的，也有薄意的。线刻是一门高超的艺术，有点像高空走钢丝。细研玉雕史，对照中外造型艺术的发展，得出的结论是：中国玉雕线刻艺术是最具有华夏玉文化特色的。

玉雕的早期艺术形式，便侧重于"线"的形式，它的出现比文字更早。"线"的艺术形式是玉雕创作的胎记，这种形式简洁而非简单，它流畅妍美，传世后进化最为完美，运用也最为广泛，包括我们现代的文字、书法、绘画和其他各类艺术形式，"线"无处不在。

商代以前，"线"在玉雕上已经广泛运用。商代，线的艺术形式在玉雕与青铜器上更是达到了鼎盛，其后的各个时代，进一步推动造型与线的不断融合，创造出源远流长的中国玉雕文化。子冈牌后，玉雕创作上阴阳刻线技术更提升到一个诗情画意的层面。

近代后，玉雕线刻形式仍然在延续，但研究上，理论与实践相脱离。深究其原因，是近代我国在艺术领域缺乏自信，坚守力不足。有些人甚至错误地认为，玉雕上"线"的研究，已经穷途末路了。

另一方面，当代的玉雕创作，有些人抄袭西方的造型手法，产生了诸多怪异。西方艺术以解构细分为能，东方艺术以含蓄简静为美。在艺术形式上东方造型艺术有自己的特色和理论基础，但遗憾的是，这方面的实物和理论佚失太多，需要宏大工程做长期归整。其中"线"的艺术形式是重要的文明脉络，更显传承价值，值得研究琢磨。只要我们打破门户之见，吸收各家之长，相信，由"线"聚合出来的艺术形式会更贴近华夏玉雕文化的慧根。

四、"点影雕"玉雕艺术诞生的意义

"点影雕"的诞生，还必须配合有相应的艺术思想。广泛揉入古今中外多门技法，最后辅以传统漆画工艺做画面固化。作品以玉之天然本色为底版，从玉的平面设计角度找突破，实现了玉料的最大合理化使用。

最早的玉雕大部分都是以切片开始的，在玉雕界切个平面就可以做玉的都是高手，他们不仅是读玉高手，更是设计和雕刻高手。"点影雕"的思想从古代良渚神徽的平面化玉雕风格中一路传承而来。设计上要求回归传统玉文化的虔诚，坚守华夏玉文化内在的高洁，在喧嚣的现代生活中，回溯到古人内心的简静世界。

目前已知的玉雕传统门类中，普通小件作品一米开外的视觉感受是模糊一片的，但"点影雕"可轻松在三米以外，毫不费力地呈现玉雕作品的内容。此类作品气场可见一斑。

"点影雕"师古而不泥古，在前人经验的基础上更进一步。它广纳诸法，呈现万花筒般的创新形式，让人目不暇接。古代玉雕中的点线组成的图腾纹饰奠定了中国玉雕艺术的雏形。而今，"点影雕"作品让点线艺术的表现力变得更加自由不羁、变化万千，正应了艺术家回归本真、削繁为简、追求自由的艺术精神。

第八节　当代独山玉山子雕的"虚实相生"

当代玉器最具代表性的工艺技术应是"山子雕"和"链子活"，而在"山子雕"的创作中，制作过程大致是按照这样的顺序进行的：审玉—设形—治形—传神，也就是一个将景与情逐渐融合在一起创造意境的过程，在这个过程中十分讲究"虚实相生"的雕刻技艺。

图6-14　独山玉山子摆件

一、"虚实相生"的定义

"虚实相生"是意境的结构特征，意境从结构上看，正是虚实的结合。所以有人提出了"全局有法，境分虚实"的主张，把意境中较实的部分称为"实境"；把其中较虚的部分称为"虚境"。实境是指直接描写的景、形、境，又称"真境""事境""物境"等；虚境则是指由实境诱发和开拓的审美想象的空间，又称"诗意的空间"，它一方面是原有画面在联想中的延伸和扩大，另一方面又是伴随着这种想象联想而产生的情、神、意的体味和感悟，即"不尽之意"，所以又称"神境""情境""灵境"等。

玉雕工艺是一种特色工艺，它师法自然而又高于自然，把握住自然所具有的丰富多彩的生动情景，然后经过艺术的加工和提炼，将人文的思想和意象"由虚到实"地融入作品之中，使情景交融，而后在欣赏者眼中，这种思想和意象又通过其想象和联想"由实到虚"地幻化出来，使其感受到艺术的魅力，得到美的享受。这就是玉器意境的塑造过程，而这种过程必然通过"虚实相生"的手法来实现和完成。

二、虚境与实境的关系

一般来说，虚境是实境的升华，它体现着实境创造的意向和目的，体现着整个意境的艺术品位和审美效果，制约着实境的创造与描写，处于意境结构中的灵魂和统帅的地位，因此"山子雕"在创作的初期必须要选好题材。但是，虚境也不能凭空而生，核心并不等于艺术表现的重心。在意境创造中，一切还必须落实到实境的具体描绘上，再好的虚境，也要由实境而来，山子雕的创作更必须先遵循"量料取材，因材施艺"的琢磨工艺规律。

而虚境与实境看似两个部分，但一到艺术表现时，功夫全要落实到对实境的描写上，亦即对实际题材的刻画和塑造上。那么，怎样通过实境的刻画完美地表达出虚境呢？站在欣赏者的角度思考，在观赏玉器的过程中，人们通常是通过想象把客观物体转化为虚的空间，以此充分表现自己的思想情感。而观赏者虚实转换所能达到的深度，也决定着被观赏的玉器本身所具有的艺术欣赏价值，同时也间接说明了玉器制作者对玉器意境营造的成功与否。

玉器创作中"虚"是"实"的根源，也是"实"的转化与升华。没有虚空的存在，创作的玉器就产生不出生命的气息，因为在玉器被欣赏的过程中，只有使观赏者实现主客体之间的虚实合一，才能充分体现玉器本身所拥有的运动的、活跃的生命，才能给观赏者更加广阔的想象空间。所以玉雕创作者应该在设想中的虚境指导下对生活物象进行选择、提炼和加工。

这些功夫，都是以更好地表达或开拓虚境为目的，既求形似，又求神似，而后者尤为重要。因为，"虚"并非空穴来风，就其本质而言，"虚"以实为虚，代实为虚。这种"由实入虚，由虚代实"的转换，将反映出设计者对

图6-15　独山玉白天蓝挂件

生活认识的深广程度和天资悟性。总之，虚境要通过实境来表现，实境要在虚境的统摄下来加工，这就是"山子雕"创作中"虚实相生"的意境结构原理。

第七章　独山玉产业现状及可持续发展

第一节　独山玉产业现状

一、南阳玉雕市场优势

南阳玉雕有着悠久的历史，在南阳独山之南、白河之北的黄山遗址出土了多枚独山玉铲、大理岩的玉镯，是南阳区域内新石器时代的玉石生产工具与饰品集散地。汉代在独山脚下建立了玉街寺，成为汉代著名的玉雕市场，张衡在《南都赋》这样描写："其宝利珍怪，则金彩玉璞，随珠夜光。"金代镇平第一任县令大诗人元好问便为南阳玉雕留下了"万户柴扉内，红砂琢玉矶"的诗句，可见在当时镇平便有了较大的玉雕市场。

今天的石佛寺镇形成了规模庞大、玉种齐全、层次分明的综合玉雕市场。经过多年的发展，加上政府的监管，石佛寺镇便形成了中国最大的玉石原料和玉雕产品集散地。其中玉雕湾综合市场是融加工、商贸、旅游、休闲娱乐为一体的综合性的玉雕专业市场，主要经营和田玉、翡翠、独山玉、玛瑙、水晶等。近年来，镇平县紧紧抓住"国家电子商务进农村示范县"重大机遇，启动"互联网＋玉文化产业"发展战略，先后制定出台了多个文件，细化财政、税收、金融等产业扶持政策。同时，设立1000万元电子商务发展引导资金，高标准建设创新创业平台，大力引育专业电商人才，建立了电商孵化培训基地，真玉天地电商孵化基地，实现了玉文化产业线上线下发展的蓬勃态势，利用线上销售把南阳玉雕销往全国各地，为玉雕市场的持续繁荣注入了新的活力。目前，该县已有8700个玉雕电商商家，年交易额达400余亿元。

在各类直播基地的一个个单独房间内，销售人员用风趣的语言、专业的讲解为线上顾客推介精心挑选的新产品，并可以提供"私人定制"服务。直播销售使玉雕作品和观众有了更好的互动，有些公司对作品全程设计雕刻都有记录，使收藏者对玉文化有了更深刻的认识。线上线下互动，全方位多层次的销售模式使南阳玉雕市场焕发了新的生命力。在石佛寺镇各大玉器市场内，一群朝气蓬勃的年轻人举着手机，边寻宝边讲解，利用"走播"形式为全世界的买家提供优质玉货。他们大多是素养、学识、口才俱佳且懂行的青年人才，正用新理念、新风貌引领着玉文化产业的新风尚。

　　在做大市场的同时，南阳也不忘打造精品市场，镇平玉雕大师产业园集中了十几位中国玉石雕刻大师，并设立了玉雕作品研究院、博物馆等。石佛寺镇也集中了镇平工艺美术学校新校区、玉文化博物馆、国际玉城、中华玉都、天下玉源等。石佛寺镇也以其玉文化产业而被国家评为"中国特色小镇"。镇平不产玉，却实现"玉料买全球，玉器卖全球"的伟大创造，镇平玉人靠着"无中生有"的精神，让镇平成为世界上闻名遐迩的"中华玉都"，也成就了镇平成为中国最大玉文化产业基地的经济和文化地位。"镇平玉雕"成为国家级非物质文化遗产，同时作为一个响亮的城市名片，闻名祖国大江南北。

图7-1　镇平石佛寺国际玉城大门

二、南阳玉雕的区域优势与文化优势

　　南阳地处中原，交通四通八达，是武汉、郑州、西安区域之间的重要城市，是楚汉文化的源头，四百年的楚都丹阳就在今天南阳市淅川县境内。最古老的长城——楚长城，盘旋在秦岭的余脉八百里伏牛山间。深厚的文化积淀使南阳文化名人辈出，南阳四圣分别是：科圣张衡、医圣张仲景、商圣范蠡、智圣诸葛亮；

南朝宋山水理论大家宗炳；唐代四大边塞诗人岑参；以及宋代大儒范仲淹在南阳邓州市创建了花洲书院，使南阳教育名动大宋。

玉雕作品表达了创作者的文化情怀、美好的人生祝愿、情感的喜乐以及诗意的人生追求。雕刻的是玉石，磨砺的是心智，在时间的长河里通过玉雕作品来留传一段技艺。中原文化的最大的优点是融合北方的刚健与南方的柔美，在审美上刚柔相济，在雕刻上追求气势和内在张力，同当今南方玉雕风格——空、飘、细、巧，有着明显的区别。汉唐气象是南阳玉雕追求的风貌，南阳独山玉的雕刻风格大开大合，在大山大水、鸟语花香、禅境佛国中尽情表达中原人的审美意象。玉雕作品有着自己独特的语言风格，它不是今日才形成的，沿着历史的足迹：从新石器时代的红山文化、商周、秦汉、唐宋、明清的玉雕文物中吸取大量营养，最终创作出赋有时代特征的玉雕艺术品。传承的是血脉，是文化，是灵魂，以玉为媒深入文明的骨髓，做一次文化巡礼。玉雕创作的基础是绘画、雕塑、技法，高度是文学、艺术、美学、哲学，正如古人所说："功夫在诗外""台上一分钟，台下十年功"。作为一个玉雕人当下最迫切的任务是读书，行万里路读万卷书、琢经典玉器是大多数有理想玉雕人的心声。

三、南阳玉雕的人才优势

南阳地处豫西南的南阳盆地，气候四季分明，在历史上鲜有重大地质和自然灾害。经济以农业为主，是河南省农业大市，自古重视教育，域内历代人才辈出。南阳自古皆有商业传统，商圣范蠡便出生在南阳。南阳是古代丝绸之路的源头之一，中国古代几大古都洛阳、西安、开封、安阳在其方圆五百公里之内，南阳在东汉是著名南都，文化氛围浓厚，自古就有"耕读传家"的传统观念。南阳域内的镇平古称涅阳，在民国时期是中国最大的丝绸集散地，富有商业理念。

改革开放后镇平被国家命名为"中国玉雕之乡"，1986年镇平恢复了工艺美术学校，三十多年为南阳玉雕行业培养了数以万计的创作人才，在国内行业中获得极大的赞誉，被称为"河南玉雕大师的摇篮"。南阳有着得天独厚的玉雕土壤，群众有着较强的从事玉雕产业的愿望，为玉雕行业新人持续加入创造了社会环境。

人才聚则产业兴，创新盛则行业荣。近年来，镇平县牢固树立"人才是第一资源"的理念，深入实施"玉+"战略，积极引育技能人才、打造诚信品牌、创新营销方式，为玉文化产业的转型升级提供了强有力的人才支撑。目前，镇平县共有30余万人从事玉雕产业，其中有国家级玉雕大师24人、省级玉雕大师300

多人、省级工艺美术大师 42 人、技工技师近 6000 人。

　　南阳与上海、北京、苏州、扬州、广州等经济发达地区相比，它的学艺成本较低，市场销售能力强大，什么层次的作品都能卖出去，这使刚入行的新人能够很好地生存下去。南阳有二十万玉雕大军，域内各级的玉雕院校、培训班云集，市内有南阳师范学院、南阳理工学院，培养高等管理设计人才。镇平有镇平县工艺美术中等职业学校，龙山玉雕职业培训学校，以及巷子艺术、半点画室、玉人玉雕等各类培训学校，每年都为南阳玉雕行业输送大量人才。镇平的子弟有去上海、苏州学艺的习俗，他们在学成之后有部分人员回乡创业，这为南阳玉雕技艺的不断提高增加动力。近年各地玉雕市场受经济形势的影响，许多人员大量回到南阳，特别是去年苏州相王弄玉器市场拆迁，使部分玉雕大师回到石佛寺镇，为南阳的玉雕人才梯队建设增加了一份力量。最近几年内中央美院、天津美院、西安美院的部分本科学生，以及工艺美术学校的玉雕教师，在石佛寺创业，开办培训班、玉雕工作室，为南阳学院玉雕加入了一批生力军。同时在中国其他玉雕产区也活跃着大量南阳玉雕人，所以有这样一种说法："凡是有玉雕的地方就有南阳人。"这话一点也不夸张！南阳人用自己的勤劳和智慧为玉雕行业贡献力量。南阳是玉雕人才的摇篮，这已经成为行业的共识。

　　人磨玉质，玉磨人品。镇平县相继出台《玉文化产业转型升级人才培养三年规划》等文件，以才带才，精准培育玉雕行业领军人才、设计雕刻和营销骨干人才，不断培育他们"无中生有"的创新精神、精雕细磨的"匠人精神"和诚实守信的"儒商精神"。

　　南阳籍的中国玉石雕刻大师孟庆东，在北京创建了北京紫气东来玉雕有限公司，并且与北京地方院校联办了玉雕专业，创建了比较完善的玉雕专业教学模式，得到行业高度认可，为高校开办玉雕专业开了一个好头。南阳籍的中国玉石雕刻大师范同生创建了苏州市文同玉雕文化艺术培训有限公司，并且在镇平工艺美术学校建立了文同班，为两地培养了大量玉雕后备人才。南阳籍的翡翠雕刻大师王朝阳，是云南省翡翠雕刻的中流砥柱，在整个行业内也有着深远的影响。扎根于中原大地的中国工艺美术大师仵应汶，在水晶雕刻界是一面旗帜，他被誉为"中国水晶雕刻第一人"，他同时也是南阳玉雕的精神领袖。在南阳本土更有一大批雕刻师，他们中的代表有中国工艺美术大师吴元全，镇平玉雕国家级传承人仵海洲，中国玉石雕刻大师魏玉忠、刘国皓、张红哲、张克钊、刘晓波等，中青年的玉雕优秀人才更多达几百人。今天南阳玉雕已经占据行业的半壁江山，南阳玉雕亦已经成为一种行业现象。

中国玉雕大师创意园实现了大师化创作、规模化生产、品牌化经营、国际化推介，被认定为国家级文化产业示范基地和中国玉文化研究院。目前，已有来自全国各地的 40 余位国家级、省级玉石雕刻大师进入。同时创建了省级众创空间，建立了创业投资基金、创业导师团队和公共服务平台，为高技能人才提供知识产权、创业辅导、政策支持等一站式服务。

图 7-2　中国玉雕大师创意园大门

来自安徽的微雕大师郭文安，举家来到大师创意园后踏实创作、精品不断，他的设计室里陈列着《五百罗汉链条瓶》等 100 多件闻名中外的微雕作品。一位前来参观学习的业内人士说："大师们聚集在这里，方便交流互通，创意园按照国家 AAAA 级景区标准打造，在这静谧的世外桃源中创作，艺术的火花绽放得格外美丽。"

镇平县牧之堂玉业有限公司建立了中国当代学院玉雕创业基地，创新定义了学院玉雕的概念，整合全国高等学院学术资源与玉雕行业资源，促成学术成果与产业产能的高效转化，为玉文化产业发展集聚了一批学院派专业人才。

同时，镇平县还积极利用乡情资源，依托驻外商会和人才工作站等平台邀请在外人才回乡创新创业。2016 年，在郑州打拼多年的镇平籍玉雕从业者满多回到家乡创立了镇平县真玉天地电商创业孵化基地。她不断探索玉产业发展的新路径，引领了全行业的转型，带动主播、客服、美工、摄影、物流等行业近 30000人就业和增收。2015 年，她与中央电视台合作，成功举办了"寻宝——走进镇平"活动，大大提升了镇平玉雕在全国的知名度。2018 年，她又与某平台合作，建立了全国首个该平台珠宝直播基地。2020 年，建设了 LIVE 直播镇平基地，探索通过"质检＋物流"一体化中心的模式，共同打造诚信交易平台，引领玉产业在电商直播领域的转型发展。

全面扶持玉雕培训机构做大做强，鼓励支持各大美院及高校教师、优秀学生通过多种方式参与镇平玉雕培育工作。玉人玉雕职业艺术学校的负责人雷鸣，毕业于西安美术学院，从北京回到镇平创业，招徕了各大美院的专职教师 20 多人，致力于打造玉文化、玉产品研发、玉雕设计等学科交叉融合的现代玉雕艺术教育机构。目前在校生有近 600 人，不断为社会输送懂设计、能创新、善实践的高层次专业玉雕艺术人才。

镇平县醒石工艺品有限公司，2018 年获批成为南阳市唯一一家省级技能大师工作室。之所以能成功获评，不仅仅是因为这里集设计、研发、生产、销售于一体，形成了玉文化产业生态链，最重要的是它能够把培育人才当作核心链条，内设龙山玉雕培训基地，利用高技能人才的高质素带动产业发展的高质量。

四、镇平宝协独山玉分会成立

2019 年 9 月 27 日，镇平县宝玉石协会独山玉分会在镇平成立，这是独山玉行业的一件大事，也是镇平县玉雕界的一件幸事。独山玉与南阳玉雕有着千丝万缕的联系，有着厚重的历史、辉煌的过去。但是，在当前新常态形势下，独山玉面临前所未有的困境和挑战，既有大环境的问题，亦有自身存在的问题。恰逢此时独山玉分会应运而生，是时代的需求、产业的需求、行业的需求，更是我们每一个独山玉从业人员的需求。会上，刘晓强当选会长，中国工艺美术大师吴元全、镇平县玉管委主任庞玉泉、南阳独山玉矿有限公司董事长阮明东、南阳师范学院教授江富建当选名誉会长，张静、宁文欣、张克钊、姚丛伟当选常务副会长，张君当选秘书长。

镇平县宝玉石协会独山玉分会的成立，得到了南阳市、镇平县两级政府及有关部门的高度重视，南阳市招商和会展服务中心特发来贺电；独山玉分会的成立得到了南阳、镇平两地独山玉从业者的积极响应和热情参与。欣闻独山玉分会的成立，南阳市拓宝玉器有限公司董事长、中国工艺美术大师吴元全书写了《独玉赞歌》，并精装成匾牌赠予独山玉分会予以祝贺。

独山玉分会的成立也得到了关心支持家乡玉文化产业发展的在外商会等的大力支持，纷纷在分会成立之际发来贺电以示祝贺。其中，苏州市河南商会珠宝玉石委员会，以及从家乡走出去的、远在苏州的镇平籍玉雕大师赵显志、范同生、侯晓锋、庞然、田礼哲等纷纷发来贺信。

独山玉分会的成立，标志着独山玉产业发展踏上了新历程，镇平县玉文化产业转型升级步入了新阶段，迈出了新步伐。这次分会的成立，对于提升独山玉文化产业的发展、提高镇平玉雕的知名度和影响力、加快玉文化产业转型升级和高质量发展必将起到重要推动作用。

独山玉分会的成立，是洞察国内外形势、市场发展动向的前哨，是联结各方力量、开展交流互鉴的平台，是带领行业人员抱团发展、冲出困境的有力组织；独山玉分会的成立，就是要聚拢独山玉行业人员，整合有效资源，联结各方力量搭建交流平台，引领创新创意、提升雕刻技艺，注重技能研发、培养新型人才，运用新营销模式、拓展消费市场，完善诚信体系、树立品牌形象，通过一系列的活动，凝神聚力，拉高标杆，引领带动行业人员求突破、谋发展。

五、独山玉产业困境

独山玉，让南阳闻名海内外，相反，南阳的声名远播却没有给独山玉文化产业带来大的发展。多年以来，尽管独山玉文化发展取得了一定的成就，玉器市场的分量和玉雕产业的发展势头在全国名列前茅，但远没有发展到让独山玉人十分满意的地步。

虽然南阳玉雕节、国家级非物质文化遗产"镇平玉雕"、河南省非物质文化遗产"南阳玉雕"以及一切由独山玉人和物组成的大独山玉文化概念，让独山玉在国内外有一定的知名度，但比起其他三种名玉，独山玉在文化层面各个维度的表现，逊色的不是一星半点。经以知网和万方等为代表的中国学术知识网络平台统计发现，以"独山玉"为关键词进行搜索，无论是以主题搜索，还是以全文搜索，和独山玉有关的信息条数都远落后于同为四大名玉的和田玉、绿松石、岫玉。

正所谓"冰冻三尺非一日之寒"，产生此种局面的原因是多方面的，这些原因和独山玉产业链条上每一个环节都息息相关。独山玉产业从上游到中游再到下游，上游原材料被民营企业控制；中游环节原料销售更为无序、分散，有待规范；下游玉雕生产环节多以中小玉雕工作室为主，生产理念、组织形式、生产方式较为传统，布局较分散，独山玉企业或工作室的形式决定了其想在整体消沉的独山玉文化市场玩出名堂，简直是难上加难。

由于国内环保政策收紧，造成原本成熟的采玉工艺所使用的黑火药短缺，直接影响了新出独山玉原石的品质。独山玉创作、原石局限性和规模效应，使得独山玉文化产业振兴困难颇多。现阶段，我们看好上游拥有丰富人力资源和强销售能力输出端口的企业和组织。谈及独山玉的未来，在独山玉文化软实力与话语权趋于增强之前，短期内会如何发展似乎还很难下结论。

　　面对独山玉的阶段性困境，玉雕从业者们要承担更多的责任，独山玉强有力的影响力和话语权会让所有的独山玉从业者都成为受益者。环顾国内国际艺术品拍卖市场，鲜有独山玉的踪影和讯息。相比同为河南工艺美术品的汝窑，独山玉在艺术品拍卖市场的探索仍有很长的路要走，任重道远。

第二节　关于独山玉可持续发展的几点建议

　　改革开放以后，独山玉雕刻及独山玉产业迎来了迅猛的发展，一批批的独山玉从业者为独山玉行业和文化产业的发展，以及独山玉文化的传播起到了巨大的推动作用，并取得了丰硕成果。然而，独山玉与其他主流玉石相比，其知名度和影响力仍很有限。近年来，独山玉行业发展迎来不小挑战，独山玉原材料受限、独山玉雕刻从业者减少、独山玉市场不断收窄等情况，使独山玉文化的挖掘、雕刻技艺的传承与相关产业的发展面临的挑战日益加重。

　　以南阳地域为主要力量的独山玉从业者和相关方面力量，为独山玉知名度的提高和独山玉文化的传播做出了不懈的努力。在过往历史上，他们对独山玉的宣传和推广方方面面都做了大量的工作，但目前独山玉的知名度与美誉度与独山玉从业者内心的期待相比仍有不小的差距，其发展仍不够全面、不够令人满意。在经济发展新时代，重塑独山玉的品牌形象，重新梳理独山玉各个环节的问题所在与价值特点，重新打造独山玉在玉器收藏市场的知名度，才能让独山玉产业走可持续发展之路。要团结独山玉行业全体成员，以市场开拓为目的，以重塑独山玉作为四大名玉之一的历史地位为方向，以确立其独树一帜的文化地位和艺术地位为目标，整合优质资源，凝聚有志之士，为独山玉扬名，为独山玉奋斗。

　　近年来，市、县各级政府高度重视玉文化产业发展，南阳市委、市政府将玉文化产业链列入全市 21 个重点产业链之一，镇平县委县政府出台了《镇平县打造千亿级玉产业集群三年行动计划》，明确树牢全产业链、全供应链、全价值链、全生命周期理念，加快实施"玉+"战略，打造全球玉文化消费中心，为玉文化产业的发展指明了方向。加速独山玉产业与新网络营销的结合，推动独山玉产品的艺术化、批量化、首饰化、市场化水平，使广大独山玉从业者能够广泛参与到电商带货浪潮中，将独山玉文化、玉大师、玉产品通过互联网、电商直播营销推广出去，打破困境，盘活市场，进一步推动独山玉产业结构转型，产品结构更新。同时，通过展览、奖项评比、文化论坛等形式树立好标杆，将最新的潮流与理念传达到广大从业者中，发挥好产业引领和带动作用，加快独山玉产业转型发展。

一、为独山玉申请国家地理标志

历史上，独山玉从业者对独山玉文化的传播和独山玉雕刻产业的发展做出了不可磨灭的贡献，无论是非物质文化产业项目，还是独山玉玉器作品、学术著作和推广活动等，抑或是在独山玉文化传播工作中，他们都做出了种种努力。

自中国加入 WTO 后，尤其是 2008 年北京奥运会之后，中国社会方方面面都发生了巨大的变化。在中国高频词、新生词之中，"国家地理标志""非物质文化遗产"屡屡出现在大众视野中。在迎接经济全球化过程中，这些新文化现象在文化和旅游部、市场监管总局等国家职能部门的高度重视下，在经济发展过程中，尤其是文化传播过程中起到了不可估量的作用。

在此背景下，独山玉从业者也没有停止学习和前进的脚步，相继做了不少努力并取得了不俗的成绩，国家级非遗项目镇平玉雕、河南省非遗项目南阳玉雕，以及"南阳玉器""镇平玉雕"国家地理标志等都是所结的硕果。以上项目对于南阳当地的玉文化产业发展和文化传播都起到了一定的作用。

可喜的是，以上项目的申报和申请工作多是以独山玉雕刻为蓝本和基础撰写，其价值、特征多是以独山玉雕刻为基础。遗憾的是，以上项目中鲜有独山玉字眼。独山玉文化消费在整个中国玉文化消费市场占据较小的份额，已完成项目的固有配置和现实市场不太匹配，在文化传播过程中，以上文化 IP 都与"独山玉"字眼无关，种种原因造成独山玉成了"不被关注"的对象。

按照相关政策，国家级非遗项目"镇平玉雕"和河南省非遗项目"南阳玉雕"都是以独山玉雕刻技艺为蓝本和根本，倘若以独山玉雕刻技艺，或以含"独山玉"字眼的项目去申请非物质文化遗产与《中华人民共和国非物质文化遗产法》要求相悖。对比其他非遗项目和文化项目在文化传播中起到的作用，国家地理标志是一个比较好的选择。

南阳市已申请"南阳玉器"的国家地理标志，但是南阳玉器的名称不含有独山玉字眼。以南阳玉器为名称，对于独山玉文化的传播和独山玉知名度的提高，都不能起到直接的作用，所以在此呼吁为独山玉申请国家地理标志。为独山玉申请国家地理标志保护模式既是学术问题，也是非常现实的利益衡量和选择的问题。

"国家地理标志保护产品"是指产自特定地域，所具有的质量、声誉或其他特性本质上取决于该产地的自然因素和人文因素，经审核批准以地理名称进行命名的产品。地理标志产品包括：（1）来自本地区的种植、养殖产品。（2）原材料全部来自本地区或部分来自其他地区，并在本地区按照特定工艺生产和加工的产品，经审核批准以地理名称进行命名的产品。按照政策可申请名称为南阳独山玉或是以独山玉进行申请。

《中华人民共和国商标法》将地理标志分为集体商标和证明商标，申请可以做两种不同的选择。集体商标是指以团体、协会或者其他组织名义注册，供该组织成员在商事活动中使用；证明商标是指由对某种商品或者服务具有监督能力的组织所控制，而由该组织以外的单位或者个人使用于其商品或者服务，用以证明该商品或者服务的原产地、原料、制造方法、质量或者其他特定品质的标志。

以独山玉申请国家地理标志商标，是独山玉行业发展的时代需要，也是独山玉产业适应当前文化传播环境的需要。当今社会已进入智力消费的时代，而申请国家地理标志产品具有一定的法律依据和公信力，这能对现在的主流消费者起到一定的说服作用。非遗和国家地理标志，都是世界性语言，对独山玉文化的传播能起到举足轻重的作用。

无论国家地理标志，还是国家级非物质文化遗产，其法律关系主体名称都应与产品品牌名称表现一致，且必须符合相关的法律规定。以国家地理标志为主体，独山玉文化产业想要得到持续的发展和传承，必须依靠行业组织、团体、协会等群体性组织来推动与传播，实践证明可行。类似这样的例子不胜枚举，寿山石、苏绣、汝瓷、钧瓷等。业内人士称，这对于提高此类产业品牌知名度、美誉度有不小的帮助。随着全球经济一体化，以及接受以西式教育为主的年轻人越来越多，以国际性语言、强文化IP推广独山玉成了不错的选择。

综上所述，独山玉行业发展在经济发展的新时代，面临着前所未有的挑战。作为中国四大名玉之一的独山玉，其行业和产业的发展不仅关系着南阳当地文化产业的可持续发展，还关系着万千独山玉从业者的家庭福祉。独山玉行业的可持续发展亟待转换思路，申请独山玉国家地理标志，是探索独山玉在"精准扶贫、'一带一路'、中国传统工艺振兴、新时代乡村振兴"中的理论创新之举，更是独山玉行业发展的助力之举。

二、从卖玉石向卖艺术转变，推动独山玉高质量发展

独山玉对于大部分中国人来说或许是陌生的，如果按照传统的思维和认知去理解独山玉艺术和文化内涵，仅以独山玉材质创作的作品为卖点，那么独山玉未来的天花板不会太高。很有趣的一个现象是，国内一线城市消费者尽管不认识独山玉，但不妨碍一些独山玉材质作品开始受到他们的欢迎。相较于和田玉颜色的单调，颜色丰富的独山玉在艺术表现竞争力上有优势，且有不断趋高的迹象。笔者有幸接触到一位独山玉人，他的一个独山玉提梁壶作品卖出了不菲的价格。谈及消费者为何愿意买单，得到的答案是客户喜欢。从这一点看，该类消费者消费的习惯不是因为熟知独山玉，消费的本质源自早已根植内心的心理需求。

图7-3 独山玉粉红梅花摆件

这类消费的本质是属于文化心理消费，区别于传统的玉器需求消费，以此类推到更大广度来看，或许会有更大的收获。翻阅我国文化的历史，大抵"山水文化""人文画"占据了较重的分量，独山玉又特别适合山水摆件的创作，"山水文

化""人文画"消费远没有到正常的状态。正如文心读玉艺术团队的陈鹏旭所言：之前独山玉消费多是"为他"消费，如今迎来是"为我消费"的时代，独山玉的消费市场才刚刚开启。倘若换个角度看问题，从卖独山玉作品转向卖文化、卖艺术、卖造型，独山玉行业未来发展的增量空间绝对是另一番模样。在中国人的文化熏陶中，独山玉从来未曾缺席，只是不为人知。现阶段，对于独山玉和文化表达热衷的消费者，也正是未来独山玉需要开发拓展的受众群体。

　　纵观独山玉的发展历史，行业经历了探索、黄金、转折、低迷和复兴五个时期。很多人在回忆早期中国独山玉时，总是会提到《渎山大玉海》《九龙瑁》等作品，每个独山玉人都对这些耳熟能详。历史上，独山玉的荣光也不逊色，这里面既有帝王将相的垂爱，也有国际文化事件的宣扬。受过两个皇帝垂爱的"渎山大玉海"，材质为独山玉，它不仅是我国现存最早的特大型玉雕，还是元世祖忽必烈下令制作的镇国神器；清朝乾隆皇帝还亲自为其赋诗称颂，2012 年还被《国家人文历史》杂志评为镇国玉器之首。如果说以上的价值都是文化价值，那么"渎山大玉海"价值几何呢？作为曾经于 13 世纪来过中国的传教士鄂多立克最有发言权，他在《东游录》曾这样评价它的价值："假如马可·波罗评价斯里兰卡王的那颗红宝石价值连城，那么"渎山大玉海"则价值四座城市。"

　　现在，随着移动互联网的发展、消费环境的变化、消费者观念的转变、中产阶层的持续壮大，都给独山玉提供了广阔的施展空间。当挣钱和提高溢价被提上日程，整个独山玉行业都在思考：如何才能真正满足消费者需求？作品质量和文化内涵至关重要，盈利的"正反馈"至关重要。首先要在观念上认知玉雕的本质，玉雕是一种工艺美术行业，玉雕师是一种职业。玉雕师做出来的产品，本质上也是商品，它既有艺术的属性，又有工业的属性，根本上是满足消费者的需求。玉雕师从事玉雕生产的目的，首先是为了解决生存问题，其次才是发展问题。按照

图7-4　独山玉天蓝挂件

艺术的目的大致可以分为两类，即成全自己和成全他人。成全自己只属于少数人，他们为艺术而艺术；多数人属于成全他人的类型，他们为实现产品的高质量而艺术。

何为玉雕产品的高质量，其一是要参考《玉雕制品工艺质量评价》（GB/T36/27-2018），其二是充分考虑市场的因素。市场因素在市场中起决定性作用，玉雕产品关键是适应市场。倘若独山玉人能在一件作品中"倾一人之心"，显现生命的真实世界，又何愁不能"倾万人之心"呢？如果要给大家一个坚定的理由，那便是市场足够大。众所周知，我国民众所接受的教育大同小异，结果是民众的审美情趣也大同小异，何况我国人口基数足够大，市场也是足够大。关键挑战还是在于玉雕师自我，正确的对策是要做最好的自己。"先工艺，后创新"，既要求玉雕师先把基本功做扎实，把产品的基础工艺做好，然后，循序渐进走向创新、走向创造、走向艺术。

三、独山玉的未来，关键还在于人才

独山玉的命脉是人才，人才是画龙点睛，工艺是锦上添花。独山玉行业必须以高质量的作品，形成经济效益和影响力的"正反馈"。其实，目前国产独山玉行业的技术水平已经不低了，最大的瓶颈在于人才：北京奥运会前后那两年，一批独山玉雕人转行和田玉、翡翠行业；最近几年，亦有一批优秀独山玉人才被回报率更高、待遇更好的和田玉行业抢走了。幸运的是，政府的引导，坚守独山玉的玉雕人也开始重视，呼吁关注独山玉行业的人才状况。优质人才资源才是真正的稀缺资源，但是可以通过人才培训、引进人才等方式解决一部分问题。目前，镇平玉管委已经启动人才培养计划，发出相关通知，镇平县玉管委携手天津美术学院合作举办"镇平玉雕设计创新人才高级研修班"。镇平县政府采取补贴学费的方式，助力镇平玉雕人才的升级。

跨行业的审视，跨玉种的审视，跨地域的审视，具备创作的大视野，定有利于我们做好当下的玉雕创作。最近十年以来，玉雕行业发生着翻天覆地的变化，玉雕设计人才也不断涌现，玉雕界有几位作品风格独特、特点突出的玉雕人为圈内人津津乐道。经常关注玉雕创作风向，经常参加玉雕展会，经常关注研究中国玉雕发展走向，对创作一定有帮助。

玉雕艺术的创新需要玉雕创作者有一定的天赋，是一个厚积薄发的过程，需要创作者具备较高的文学修养、美学素养、对生活的观察提炼能力，以及对各个环节综合运用的把握能力，这是一项长期的综合素质提高的过程。玉雕人才的培养是一个长时间积累的过程，需要政府及社会各界的共同努力。

要多措并举，推进玉雕人才振兴。组建镇平县玉匠大师文化运营有限公司，筹划开展大师签约、作品展览等活动；创立大师文创基地，筹建苏工玉雕大师文

创基地、徽派玉雕大师文创基地等，打造玉产业人才创新创业基地；推进南阳工艺美术职业技术学院（本科）建设，学院已通过省教育厅等部门验收，与南阳理工学院合作建设珠宝玉雕产业学院，落实"人人持证、技能河南"建设工作，注册成立职业技能等级认定单位，开展玉雕技工等职业技能等级认证工作。

四、独山玉小件化大有可为

与独山玉摆件作品在各个玉雕奖项屡屡斩获大奖不同，独山玉小件作品一直处于被忽略的地位。独山玉小件作品无论是在荣誉、政策方面，还是在雕刻人才队伍培养、人才评价体系方面，或者是在展览展示与评奖等诸多环节都缺乏同等对待。

近十年以来，独山玉配饰类的小件作品没有取得长足的发展，或者说没有得到明显的发展，主要体现在题材陈旧——独山玉配饰类的小件题材还是多以寓意吉祥的观音佛、龙凤等为主。存在雕刻过度、工艺烦琐、重工不重意的误区。更重要的一点是，这类作品的功能性与用途性不清晰，与消费者佩戴用途关联度不够，使用场景也不清晰，这是独山玉配饰类作品存在的最大的误区。

图7-5 独山玉天蓝手把件

抛开独山玉摆件类作品，独山玉小件大致可以分为小摆件、把玩件和配饰类三种。小摆件主要是文房类和茶室类用品，这类作品与生活息息相关，艺术特点和实用性多结合，注重一个"巧"字，以巧取美，巧色、巧工、巧用俏色，人工巧雕体现出雅致的特点。或放在茶台上，或放置在案台上，既能让人感受到材质之美、颜色的巧用、工艺的精细，更可以放在手里把玩，近距离欣赏韵味之美。

独山玉把玩件类的作品也属于小件的范畴，它对于中国文人有着天然的亲切感，容易让人把其放在手里把玩、品赏。独山玉的把玩件，与其他玉种把玩件相比，需要找准其产品定位，这类作品应该以趣为乐，让把玩者在轻松、愉悦的氛围中找到上手的感觉，惊叹它的工艺，拾取它的可爱，放松一下紧绷的心弦，缓解一下压力之下严肃的状态。

最后一类是市场占有率最大、流通最广泛的配饰类作品，独山玉小件配饰类作品的创新应该充分考虑其市场定位与艺术特点，其艺术特点应以靓为尚，突出材质美、淡化雕刻工艺，一定要脱离十年前工艺烦琐、重工不重意的误区。配饰类作品理应让独山玉的质、色、纹理说话，最大限度地体现出独山玉的材质之美。强调其时尚感，重视体型，重视款式，这是独山玉配饰小件的定位，也是此类作品创新创意的定位。

图7-6　独山玉荷花挂件

如果说小摆件、把玩件是以工艺取悦受众，那么配饰类的独山玉小件作品应该选取优质独山玉品种，以强调突出材质美、艺术创意、简单技法来取悦受众。遗憾的是现实中独山玉配饰类的小件作品还没有真正地体现出独山玉的材质之美。

图7-7　独山玉点影雕挂件

　　众所周知，工艺美术品主要体现在三贵：材贵、技艺贵和艺贵。在独山玉小件作品领域，一般重视了材质和技艺，而忽略了最重要的一点即艺术的珍贵。艺术是有规律的，是有迹可循的。独山玉小件玉雕之美，不是依靠工艺、技艺和工量的大小来体现，而是靠体现出艺术的珍贵。玉雕艺术可以是大美不雕，或者是少雕，同样可以达到意蕴美、思想美和意境美。众所周知，所有的工艺美术是建立在特殊材质之上的锦上添花，玉器更是这样。如果我们不尊重材料、材质的特点，见什么料都采用同样的方式去对待，这是对材料的不理解和不尊重。和田玉玉雕创作时，在线的运用上投入了大量的功力和精力。这是因为和田玉是单色调玉种，和田玉玉雕师懂得它的优势和不足，便用线来突出和田玉质美和作品的层次感，使其更有韵味。绿松石的胶质感比较明显，只要玉雕师稍微施加工艺，就能使其立体感明显。玉雕师一定要抓住石材的特点，采用相适应的工艺，才能使产品凸显出意蕴。

　　独山玉的小件主要是以白天蓝、透水白、粉红等品种料来创作，独山玉的材质之美有颜色之美、纹路美、水头美，既然独山玉有这么多美的特点，又为何要投入大量工艺去掩饰呢？这是因为我们没有读懂原材料，没有发现独山玉的材质之美，没有找到适合独山玉表现的手法。

　　因为小件佩戴于人体显眼部位，具有装饰和近距离鉴赏把玩的功用需求，所以要求用料要好，整体造型要"团"，利于触摸把玩，更要造型优美，工艺顺畅。这是所有小件创作所要达到的通用性要求，即"料好、型团、形美和工顺"。

　　独山玉的质地大多属于半透明质地，色彩多中性灰度，饱和度并不十分高，通俗地说，也就是大多数都不十分鲜艳，它的色彩和玉质特性赋予了独山玉温和、厚重、典雅的气质。如果顶级的白玉的质地是丝绸，那独山玉的质地更多的像是精仿的棉麻质地，舒展温润，具有天然恬淡、平和、典雅的气质。人们说量体裁衣，当然要根据材质本身的审美属性来设计它的款式。

　　气质决定了款式和整体的风格，根据独山玉温厚的气质特点，它更适宜新中国风的一种风格表达。具体来说，它适宜的是一种在写实基调中的概括、简

图7-8　独山玉平安无事牌

约和写意化的表现，过于装饰、时尚、烦琐、玲珑的款式和纹样，都不是独山玉适宜的表述方式。传统国画有工笔、写意、兼工带写等表现形式的区分，过于工整繁缛的工笔和豪放的大写意，都不是独山玉的气质所能驾驭的风格类型，以写实为基调的兼工带写倒是和独山玉的气质恰切吻合。

多色共生、渐变过渡是独山玉的最大特色和优势，筋口绺裂较多是独山玉胎生的一大特点，这些在为设计创作带来机遇的同时，也带来了挑战。而所谓的扬长避短，就是发挥色彩优势，克服绺裂限制。艺术摆件设计中，可以充分发挥创作的主观能动性，进行筋口绺裂的处理，掩瑕为瑜，化腐朽为神奇；但是小件设计中，不强求、不将就，选最好的料子、用最美的色彩进行取舍雕刻造型。对于独山玉的用色，一直强调"顺色立意，依形就势"，过去注重俏色要俏、要巧，要分色择净；现在提倡独山玉小件创作重点局部用色干净，造型严谨，而次要部位则大面积使用色彩渐变，虚化处理，虚实相间，兼工带写，增加作品的艺术化处理。国画中的用笔有中锋、逆锋和侧锋之分，独山玉小件的工艺处理和工具留下的痕迹，应于重点部位中锋行笔，精工细刻，次要部位大面积侧锋运铊，皴擦处理，与色彩晕染巧妙融合，混色意用，呈现出兼工带写的艺术效果。

中国艺术研究院工艺美术研究所创造性地提出"材美、工巧、器韵、时宜"，合此四者为中国好手艺的新标准。前两个标准很好理解，第三个"器韵"是说玉器作品要有格调，要有趣味性，要有整体性，要有完美性。最关键的是第四个标准"时宜"，独山玉小件作品的创作一定考虑当下的市场环境，当下的消费理念，当下的消费人群，作品要适应当下，有新颖感、时尚感，还要有时代特征。

独山玉小件配饰类作品，在创作过程中还应该有大市场的概念。独山玉作为中国四大名玉之一，有其自身的文化地位和历史地位，也有对应的经济地位。我们不能把独山玉配饰类作品，仅限定为南阳的文化特产，仅作为礼尚往来的伴手礼。独山玉可以是高档的商品，也可以是艺术品。独山玉有"中国四大名玉之一"的文化地位、历史地位的背景，有材质之美和价格亲民的优势，利用日益发达的互联网优势，抓住新兴的消费群体，去占领更大的市场。

五、重视独山玉抛光

抛光是玉器加工中最后一道工序，也是非常重要的一个步骤。无论玉匠如何精雕细琢，玉件的表面始终是粗糙的，显示不出玉石的晶莹剔透，只有完美的抛光才能使玉件表现出温润光洁的外表，才能使玉器具有高贵的气质，展现其真实的价值。玉器抛光实质上是一种精磨的过程。抛光是在高速旋转的磨机上完成的，抛光时会产生高温，而这种高温会对抛光产生很大的影响。温度过高或者温度过低对抛光效果都不好。另外，不同的玉石对抛光粉、抛光工具和抛光速度有不同的要求，要想抛光收到最好的效果，就需要不断地摸索经验。

图7-9 抛光用油石

玉器抛光效果与抛光设备和抛光粉有很大的关系，如金刚石抛光粉适应任何质地类型的玉器抛光，抛光效率和效果也很好，唯一的缺点就是成本太高。玉器在雕琢时也是需要考虑成本的，低档玉器一般采用价格低的抛光粉，高档玉器需要选择合适的或者价值稍高的抛光粉。另外，抛光工具的基质也会影响抛光效果，选择皮革还是采用木质对玉石进行抛光，差别是很大的。

图7-10 抛光用具

玉器抛光效果的好坏也与操作人员的经验、水平有关。尤其要注意的问题是玉器表面打磨的程度也直接影响抛光效果，如细雕后玉器表面打磨得非常精细和平滑，表面没有明显的坑点，抛光就容易多了。但如果玉件打磨粗糙，抛光会十分困难，甚至还需要重新打磨。所以，抛光前对玉件一定要精细打磨，这样会起到事半功倍的效果。

玉器抛光可以将人工雕琢的工具痕迹打磨掉，呈现出玉质的色彩和质地美。不同的玉种采用不同的抛光处理方式，这是早已达成共识的，但是对于独山玉的抛光处理，重视和讲究程度还远远不足。市场上不抛光的独玉作品比比皆是，自然是多方面的：雕的过于玲珑无法抛光；玉质不好，抛光了漏底；全抛亮光处理后，形象不清晰了，等等。这些未经抛光的独山玉作品前几年几乎充斥了整个玉器市场，给不少消费者留下了独山玉质地粗糙、颜色暗淡、"雾里看花"的印象，这就好比"搬石头砸自己的脚"，玉石雕刻者和销售者省略抛光工序，试图把独山玉缺陷的风险转嫁给消费者，这样做势必会让消费者越走越远。只有重视抛光，改变这种错误的引导，把独山玉真实地呈现出来，才能赢得消费者的信赖。所以，建议玉石雕刻者加强重视独山玉抛光的研究，找出适合独山玉质的最佳抛光方式，在呈现独山玉温润厚重的色彩和玉质美的前提下，对于不同的玉件和同一件玉件上不同色彩、不同部位，采用亮光、柔光、哑光、喷砂等不同手法，完美真实也呈现独山玉。

将抛光单独列出来，不仅仅是因为它是玉雕中一个非常重要的工艺流程，而且是想引起大家足够的重视，更是想给相关部门提个建议，可以考虑评选一些抛光和玉雕美容的大师，建立玉雕工艺流程的参考标准和依据，让玉雕的技艺整体再上一个新台阶。

六、数字化引领，加快玉雕产品时尚化、工业化、标准化建设

以构建现代玉产业体系为目标，和国内领先的哈工大机器人集团、中科院自动化研究所合作，研发、制造智能雕刻装备，赋能雕刻企业批量化生产；推进"聚石智仓"宝玉石产业链、数字化集合平台和玉产品溯源体系建设。推进中国玉石智谷产业园项目建设，共建智能雕刻装备制造、智慧营销体系和智慧物流体系。项目建成后，不仅能满足玉石雕刻需求，更能满足建筑模型、金属、水晶等产品雕刻需求。

对接知名电商平台，建设玉石电商基地。以电商协会为龙头、石佛寺玉雕市场和新经济产业园为平台，引进更多的知名品牌电商企业入驻园区，带动玉器销售市场发展；招引直播企业入驻，提升直播基地运营水准；以石佛寺大型玉器生产企业为龙头、电商企业为平台，培育壮大电商供应链，整合市场上的珠宝玉器产品形成优选商品库，在全国范围内对接网红团队进行直播带货；进一步提升物流的自动化、智能化水平，完善物流配套服务。

镇平县因玉而兴、因玉而名，玉文化产业是镇平县"无中生有"经济现象的生动范例，成就了"中国玉雕之乡"的美誉。镇平县将全面贯彻落实南阳市委、市政府打造"千亿级玉产业集群"的战略要求，按照"构建产业链、形成产业集聚、打造产业新生态"的工作思路，以建设全球玉文化消费中心为发展定位，坚持走创新驱动玉文化产业高质量发展之路，打造大品牌、大集群、大产业为支撑的产业高地。

第八章 独山玉收藏与作品赏析

第一节 南阳独山玉雕的审美价值

玉雕艺术在我国已有几千年的历史，在漫长的发展过程中，形成了独特的造型语言、文化意蕴与审美特征，成为我国传统艺术重要的组成部分。玉石种类繁多，每一种玉石都能制作成相应的艺术品，并具有较高的艺术价值。而南阳独山玉雕作为中国玉雕文化重要的组成部分，也是南阳文化的重要组成部分。南阳独山玉雕声名赫赫，其工艺及审美方面都独具南阳地方特色，且灵活性和立体感较强，巧妙结合南北方不同的艺术特点，别具一格，并融合中国国画特色，具有深厚的文化底蕴，是中国传统艺术中的瑰宝，对继承和发展中华传统文化能起到强有力的推动作用。

一、吉瑞之美

独山玉雕深植于民间生活之中，受民间社会环境、文化心态的影响，其隐含的思维模式、民间信仰、价值观念、审美趣味等，皆立足于我国传统社会风俗，具有浓厚的乡土文化气息与特色。玉器设计与制作的主旨往往集中于祈祷平安、祝福长寿、追求财运亨通等，在艺术创作中常常融入了生命伦理和民间信仰等文化元素。伴随着现代社会审美

图8-1 独山玉貔貅摆件

趣味的生活化、世俗化，独山玉雕越发注重题材的吉祥寓意，如喜（喜鹊）上眉（梅花）梢、福（蝙蝠）寿（寿桃）安康、龙凤呈祥等，都是常见的主题，在祝愿福寿和渲染吉祥气氛的同时，也为社会风俗增添了艺术色彩和文化意趣。如牡丹花是玉雕花鸟中的常见形象，牡丹象征富贵、祥和、繁荣昌盛，与不同的鸟兽搭配则有不同寓意，与公鸡搭配，寓意"功名富贵"；与锦鸡搭配，寓意"锦上添花"；与仙鹤搭配，寓意"一品富贵"；与孔雀搭配，则寓意"国色天香"。当然牡丹也可单独出现，这时如果采用独山玉中的粉色玉料雕刻，施以俏色，则寓意"状元红"，表现出牡丹花昂首映日的勃勃生机。对吉祥寓意的执着追求，对吉瑞之美的表现，使独山玉雕表现出非常典型的民间特质。

二、质朴之美

独山玉雕将中原地区劳动人民善良平和的品质融入作品之中，形成了独特的形式语言和格调。在艺术表现上，它追求贴近自然、融入自然，这是基于中国传统文化世界观所形成的最朴素的思想情感，其中"巧形""巧色""巧纹路"的表现手法也属于独山玉雕师法自然、因材施艺的艺术原则。独山玉雕强调尊重独山玉奇形、多彩的特点，"单色重造型"，"多色重俏色"，在"顺色立意""依形创意"的理念指导下，巧妙借用玉料的自然外形、丰富颜色，使玉雕形象与现实生活中相应器物的色、形相近，以写实的表现手法表达出劳动人民对生活的热爱之情。

图8-2 独山玉壶摆件

　　"天然"是一种未经刻意雕琢修饰之自然风致。独山玉雕从朴素的情感出发，表达创作者最真实的感受，将艺术形式与日常生活联系在一起，以生活中常见的事物作为艺术表现对象，不做任何矫揉造作的修饰。独山玉雕着重强调"少雕""精雕"，充分利用玉料的自然形态，塑造出联想空间：气势磅礴的山脉、苍劲有力的树木、豆蔻年华的少女，还有雄鹰展翅、雏鸡啄食，只需"依形而就"，雕刻时"点到为止"，形似即可，始终保持独山玉原生态之美，力求表现天然美感，传递出一种质朴之美。

三、率真之美

　　独山玉雕对质朴之美的追求与其性格当中的"俗"有深层的契合，源自南阳玉雕艺人对生命的本真体验。荆浩《笔法记》中有云"度物象而取其真"，深受中国传统美学影响的独山玉雕同样以事物本真之美作为"度物象"的前提。独山玉雕的艺术语言的形成建立在对花卉、鸟兽、人物等认真细致观察的基础之上，在切合艺术形象与客观生长规律的前提下，对自然形象进行取舍和加工。例如对花草的表现，应反映客观事实，同时在切合其生长规律的前提下进行高度概括，通过精确的形象刻画，表现其内在的生命力，并应省略细节，不能盲目跟随自然形态。例如，要依据比例大小和绽放闭合的不同情状，恰当区分出主次关系，将春季花开繁茂的热闹场景淋漓尽致地表现出来，花枝则精简概括，以免影响对花的表现。

图8-3　独山玉龙凤佩挂件

四、致用之美

独山玉雕始终重视实用性，作品涵盖民俗信仰、室内陈设、衣饰穿戴、生活器用等内容，品类齐全，用途包括装物、盛食、摆设、观赏、娱乐等，与老百姓的生活、生产、风俗习惯有着密切的联系。

东汉思想家王符在《潜夫论》中谈及："百工者，以致用为本，以巧饰为末。""致用为本"体现汉代在工艺中反对奢靡、提倡实用的审美追求。南阳玉雕艺人在设计制作玉器时，"注重布局"，注重布局中的主宾、大小、疏密、动静关系；"造型庄重"，一般整体造型古朴庄重，匀称和谐，形状、尺寸、纹样均经过创作者的缜密思考和精心设计；"装饰和谐"，装饰于各类工艺与日用器具上的图案纹样，会充分考虑当地人的生活习惯，兼顾科学设计和造型美感，是艺术和实用结合的范例。实用性和装饰美和谐相生的独山玉雕印证了古代中原人民更加关注人类自身的需求，关注人的现实生活。

五、和谐之美

直接从生活经验中汲取灵感是独山玉雕艺术创作的起点，"材美工巧""因材施艺""工巧适度"，皆是出于对和谐之美的追求。"材美工巧"强调的是对自然物性的尊重，"工巧"的前提是顺色立意，依形创意，这是对玉料自然之美的欣赏与尊重，包括"巧形""巧色""巧纹路"，要求玉匠在处理玉料和解决设计问题时，做到形色相依，顺应材质的自然物性，巧妙借用玉料的自然外形，少雕、精雕，保持独山玉原生态之美。要做到"材美工巧"就必须"因材施艺"，这是对"工巧"更深层次的阐释，蕴含着传统工艺的巧思智慧。独山玉雕艺人在选择主题元素及其相关元素时，会关注元素本身带给人们的感受和元素间的整体协

图8-4　独山玉《和和美美》摆件

调，兼顾题材选择、设计构思，以及雕刻工艺与玉料的多方关系，将材质的物性与人的巧思完美融合，追求和谐之美。

南阳独山玉雕是我国河南南阳的代表玉雕，具有强烈的地方特色，历史悠久，其雕刻工艺在玉石雕刻界占据着较高的地位，其艺术风格也独树一帜，巧妙地结合了南北玉雕的不同特点。曾经有玉文化专家对独山玉雕进行了中肯的评价，他用四个词来概括——独厚、独玉、独步、独秀。由此可见，独山玉雕具有恢宏质朴的审美价值，在艺术视觉上对虚幻艺术效果较为重视，充分彰显出"大道无极"的理念。南阳独山玉雕具有较高的审美价值，其本身所蕴含的精神内涵对中华文化的传播起到强有力的推动作用，是中华传统文化艺术中的瑰宝。

第二节　为什么要收藏独山玉

中央电视台系列专题节目《独玉春秋》中说道：有一种被神化了的石头，它出现在许多重大的历史时期，王侯为它兵戎相见，平民为了它父子相残。它的分布区比钻石更为狭窄，它的颜色让人几千年琢磨不清，它就是独山玉。其成矿机理独特，矿物成分复杂，因此呈现出绿、白、蓝、紫、红、黄、黑等几十种色彩，是我国乃至世界上具有独特性、稀有性的品质高贵之玉石。品质优良的独山玉质润色美，跟和田玉、翡翠很相似，如脂似脂，凝腻柔嫩，色彩丰富，质地坚密，在玉石家族中独树一帜。

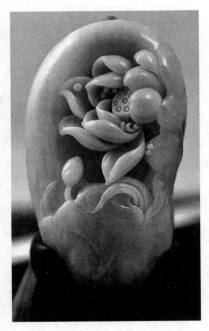

图8-5　独山玉粉红料小摆件

近年来国人掀起了藏玉高潮，和田玉、翡翠收藏热潮愈演愈烈，价格高不可攀，可望而不可即。作为四大名玉之一的独山玉，其价值还没有被收藏者充分认识，尚存在着很大的升值空间。

那么，对于老百姓而言，独山玉究竟该如何挑选？它的魅力在哪里？它的收藏优势又是什么？

第一，它颜值高。

独山玉颜色丰富、变幻莫测，为世界上独有的蚀变斜长岩结构玉种，由于它的组成矿物及其组合相当复杂，致使其色彩极为丰富，属多色玉石类，适合做俏色工艺品。其主要颜色有白、绿、蓝、紫、红、黄、黑等七种，间杂各种过渡色，自然分布，斑驳陆离，像水彩晕染一样。白色通透，如少女肌肤般晶莹润滑；粉色娇艳，如红霞般妩媚；天蓝翠色欲滴，可与翡翠相媲美，具有极高的审美价值。而且它肌理纹路优美，从透明到半透明，有很强的艺术表现力。独山玉的硬度较高，质地坚韧，具有玻璃或油脂般的光泽。优秀的品质决定着它色彩稳定，宜长久保存。独山玉作为玉

图8-6　独山玉天蓝挂件

料，其形状多变，独一无二，妙趣无穷，给人以无限的遐思空间。因而，独山玉以色多而珍贵、闻名，魅力无穷。

第二，它有内涵。

内涵来源于艺术设计。独山玉作品最大的艺术特色就是顺色施艺，因材取形，注重巧色、巧形、巧纹路，这也造就了独山玉作品的独一无二、巧夺天工。创作独山玉俏色作品的基本要求是"一俏二巧三绝"。"俏"就是将玉料上的不同颜色澄清摘净，分别使用；"巧"就是在澄清颜色的基础上巧妙使用，用得顺理成章，用得恰如其分，用得出人意料；"绝"的要求更高，是说对玉石俏色的色形色调的应用、对颜色的巧妙处理以及俏色与主题的密切结合都达到极高的水平。这些说明独山玉作品绝对具有唯一性、不可复制性，具有极高的艺术价值。独山玉不像市场上所见的其他玉种那样，有时同一题材批量生产，可多达上百件。独山玉以五彩与杂色相间的居多，这就使得巧用俏色成为其一大天然优势。即使是同样的雕件，也会因颜色不同或色彩组合不同而迥异，可以说每一件都是世上独有的，这无疑提升了其收藏价值和升值潜力。

第三，它很珍稀，堪称不可多得。

物以稀为贵，一个玉种的升值空间取决于它的品质和资源的储藏量。独山玉是目前世界范围内唯一探明的蚀变斜长岩结构的玉种，且仅仅出产于河南南阳北郊的独山，地质学家证实独山玉的资源是众多玉种中最稀少的。虽说和田玉的资源已面临枯竭，但方圆五公里的独山和茫茫昆仑山比起来，其藏量还是很少的。独山玉资源的稀缺决定着它的珍贵。

第四，它来头大，系出名门自不凡。

从收藏实惠角度讲，位列中国四大名玉之一的独山玉，应该比翡翠等其他玉种潜力大，因为市面上的翡翠或其他玉种大多是一种雕件有很多件，比如一只猪年挂件，都是一个款样，一批货可能有上百件是同样的。但独山玉则不同，就算是同

图8-7　独山玉粉红玉佛

样的雕件，也会因为独山玉的玉质、颜色不同而不同，每一件都可以说是世上仅有的。这从收藏角度来说，是很有收藏价值和升值潜力的。同时，相较于其他玉种价格的居高不下，独山玉市场价要便宜得多，它的价格是近两三年才刚刚升温的，属于起步阶段，是一只"潜力股"。目前市场上，种色俱佳的翡翠手镯一只价格上百万元，而品质上佳的独山玉手镯一只价格最高也不超过十万元。随着独山玉热潮的逐渐兴起，升值空间会更大。

另外，作品创作人员身价也是独山玉升值潜力的另一个重要因素。南阳的独山玉创作者正声名鹊起，随着他们知名度的继续提升，他们的作品升值空间会更加广阔。

第三节 关于收藏独山玉的建议

独山玉作为我国四大名玉之一，以其质地温润、色彩丰富而在玉石王国中独树一帜。独山玉器是集材质美、工艺美、意境美于一体的综合性艺术品，鉴别独山玉的价值，应主要从以下六个方面入手：

（一）质。"质"指玉的质地。世上无论何种玉石的优劣好坏，都以其质地进行区别，其差异会对作品价值产生很大的影响。独山玉品质佳者温润凝腻，天生丽质，颇具灵性，对玉器的雕刻无疑起着一定的助推作用；品质劣者，粗糙鄙陋，难成大器。对于天生艳丽、质地上佳的美玉，唐人韦应物的看法倒是另有一番新意："乾坤有精物，至宝无文章。雕琢为世器，真性一朝伤。"在他看来，玉这个"精物"，越是自然就越宝贵，不应雕琢成任何"文章"；一旦雕成玉器，就失去了纯洁的天性。由此可见，他对玉的自然美、朴素美、内在美多么看重。对玉质的判断，一般来讲，佳者要密度高、比重大、质地坚韧、油脂光泽，并且要尽可能无绺裂、无瑕疵。独山玉品种繁多，高、中、低档差别很大，而质地是玉器价值的重要衡量因素。

图8-8 独山玉印章

（二）色。"色"指玉的颜色。独山玉色彩丰富、变幻莫测、光彩夺目，有绿、白、紫、红、黄、青、黑等基本色调，以及数十种混合色和过渡色。其绿如翠羽、白如凝脂、赤如丹霞、蓝如晴空，五彩缤纷、万象纷呈，其丰富的色彩是其他任何玉种无法比拟的。独山玉以色多而珍贵、以色多而闻名、以色多而魅力无穷，具有很高的审美价值。白天蓝是独山玉中的极品，储藏量稀少，具有较大的增值空间，是收藏者的追逐热点。桃花红、翠绿白、葡萄紫都是独山玉中的佳品。鉴赏这些品种时以鲜、艳、透为标准。利

用玉料天然的丰富多色巧妙设计制作成
不同的事物，符合自然规律，有巧夺天
工之妙，增加了作品的艺术性和观赏
性，叫作俏色艺术。鉴赏优秀的独山玉
俏色作品，主要看俏色运用是否达到
"一巧二绝三不花"，巧是用料巧，把
千奇百怪的玉色用得巧；绝是巧的艺术
效果，是绝无仅有，令人拍案叫绝；不
花，指作品的颜色不仅丰富多彩，且对
比鲜明，主题突出，自然真实。

（三）形。"形"指玉器的外观形状
和雕刻的具体形象。玉雕是造型艺术，
主要通过造型传递给观众审美情趣。玉
器的"形"是设计人员根据石料的形状、
色彩等条件，加以研究而设计的，所谓
"依势造型"是也。独山玉器造型要能
烘托石之质、石之美，这是产生玉器艺
术的先决条件。造型艺术发挥石之美、
石之本质的特点越显著，就越有欣赏价
值。造型既要多样化，又要整体统一。
多样化是为了达到耐看的效果，整体统
一是为了获得平衡与和谐的效果。在鉴
赏独山玉雕时，应注意作品的外观造型
是否稳妥大气，具有气势，边缘线条是
否富有节奏变化，层次与空间是否安排
得当。同时，还应注意具体形象塑造是
否准确逼真，以形传神。

（四）工。"工"指玉雕的工艺和琢
磨程度，它是玉器的一个重要属性。"玉
虽有美质，在于石间，不值良工琢磨，
与瓦砾不别。"这里所讲的"琢"就是
"工"。因此，琢磨技法的优劣是鉴赏

图8-9　独山玉壶摆件

图8-10　独山玉貔貅挂件

玉器品位高低的主要内容。表现在作品的雕刻上，好的刀法或洒脱峻拔，或清灵俊雅，或朴茂丰厚，或遒劲稳健，或老辣沧桑，与书法运笔同理。技法可分为圆雕、镂雕、透雕、浮雕、链雕、平雕等。无论施以何种技法，都要求线条流畅优美，透视感强，形象逼真传神，给人如诗如画、身临其境之感，这样才能体现技艺技法之精湛。精品独山玉器是美玉与优秀技艺的完美结合。

（五）意。"意"指作品的立意，或叫创意。独山玉色彩艳丽、丰富多彩，适宜雕刻人物、动物、花鸟、山水等，最宜表现具有生命的对象，尤其适应俏色作品的制作。所以，历史人物、神话传说、自然风景、花鸟鱼虫、飞禽走兽等等，都成为独山玉雕设计者的创作内容。优秀的独山玉雕设计者通常都是依色赋形、依料造势、量料取材、因材施艺等。总之，同一块原料在不同的表现题材下会产生截然不同的艺术效果，优秀的独山玉作品必须形色相依、主题明确、内涵丰富、思想深邃。

（六）韵。"韵"指作品的神韵和意境。独山玉雕是无言的诗、立体的画、凝固的音乐、彩色的雕塑。中国工艺美术大师宋世义先生曾对意境做过深刻的阐述：意境是一件作品水平高低的标志，是作者思想感情和所描绘的对象融合为一的一种艺术境界，它不是虚无缥缈的东西，而是艺术创作中形象思维的产物。只有掌握艺术法则和艺术规律，才能触类旁通，举一反

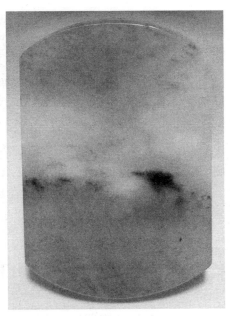

图8-11　独山玉平安无事牌

图8-12　独山玉《畅游》摆件

三，成为技艺精湛的名家高手，雕刻出"诗有尽而情无限，画有尽而意无穷"的具有较强艺术感染力的作品，才能让观众在欣赏过程中，从视觉的直观享受上升到心、神、意、情的高度审美体验。因此，一件成功的独山玉作品，不仅要内容生动、形象逼真，还要达到一种精神与艺术共融的理想境界，让观众领略到形式之外的意韵。

收藏一件独山玉雕，在注意以上六个方面外，还应注意作品的体积，同等原料的情况下，大体积的作品价值必然高于小体积的。名厂、名牌、名家拥有自己独特的艺术风格和特点，其作品必有较高的收藏价值。

总之，独山玉收藏知识需要在长期实践中积累，我们只有多学、多记、多看、多比较，广交玉友，交流经验，才能成为行家里手。

第四节　独山玉的保健作用和保养秘籍

一、独山玉的保健作用

俗语说："人养玉三年，玉养人一生。""玉养人"是说玉石中富含多种微量元素，对人体具有一定的保健作用，这个过程是很缓慢的，需要长年累月地积累，才能达到保健效果。国内一些研究结果证明，独山玉含有锌、镁、铜、硒、铬、锰、钴等对人体有益的微量元素，经常佩戴独山玉可使其中的微量元素被人体皮肤吸收，有助于人体各器官生理功能的协调。

当独山玉光点对准人体某个穴位时，可刺激经络、疏通脏腑，起到按摩保健功效，不但能改善老人视力模糊症状，还可蓄元气、养精神。嘴含独山玉，可借助唾液中所含营养成分与溶菌酶的协同作用，生津止渴、除胃热、平烦闷、滋心肺、润声喉、养毛发、蓄元气、养精神。

独山玉原料以基性斜长石、黝帘石为主，含有铬云母、透辉石、钠长石、绿帘石、阳起石等物质，多钙、高铬、富硅，具有呈四方晶系粒状构造的隐晶质特征。有少量的氧化镁、氧化铁成分，并含有金属铬、镍、

图8-13　独山玉多色手串

锌、锰等微量元素，对人体有益。长期佩戴独山玉饰品，独山玉与人体摩擦，微量元素会进入人的体内，平衡人体内的微量元素水平。例如锌元素可以激活胰岛素，调节能量代谢，维护人体的免疫功能，促进儿童智力发育，具有抗癌、防畸、防衰老等作用。锰元素可以对抗自由基对人体造成的损伤，参与蛋白质、维生素的合成，促进血液循环，加速新陈代谢，抗衰老，防止老年痴呆症、骨质疏松、血管粥样硬化等。总之独山玉蕴含的元素可以看作矿物药物，对人体有保健作用。

　　有的专家认为各种元素发出宇宙波与人体接触形成微磁场，可以缓解关节疼痛。人的手腕上主要有内关、外关、神门、养老、阳池等重要穴位，手镯的摩擦和重量，会对这些穴位产生作用，促进手臂血液循环，软化血管，帮助人体排毒，治疗肩周炎等。此外还有提神、固骨、止惊、破积、消疳、舒肝定神等作用。

图8-14　独山玉手镯

　　据有的女士说，长期戴独山玉手镯的那只手比不戴手镯的手显得细腻、年轻。也有人说手镯的摩擦作用起到了舒筋活血的作用。戴在脖子上的独山玉吊坠，对人的心肺等内脏器官有很好的保健作用。戴在腰上的独山玉腰配则有护肾养神的功效，对人体具有养颜、镇静、安神之功效，长期佩戴，会使人精神焕发，延年益寿。

　　明代医学家李时珍的《本草纲目》中，也有以宝石、玉石、矿石入药的记载。

传说唐代美人杨贵妃容颜长驻，就是因为她常用玉制面棍碾压面部。现在，很多美容院用的刮痧板也是玉石制的，可以说玉石对人体的确是有显著疗效的。

二、独山玉保养秘籍

独山玉颜色稳定、硬度较高、韧性中等，在使用过程中适当注意保养，就能长久保持其美丽，以下是独山玉的保养秘籍。

1. 欺软怕硬。佩戴时最要注意的就是避免与硬物碰撞。玉石的硬度虽高，但是受碰撞后很容易裂，有时虽然用肉眼看不出裂纹，但其实玉表层内的分子结构已受破坏，有暗裂纹，这就会大大损害其完美度和经济价值。

2. 一尘不染。要避免沾染灰尘，灰尘会影响玉的颜色，玉器若沾染灰尘的话，就要及时用清水去清洗，宜用软毛刷清洁。若有污垢或油渍等附于玉面，应以温淡的肥皂水刷洗，再用清水冲净，之后抹点橄榄油或者擦点液体石蜡油以保持玉面滋润。切忌使用化学剂液除油污。若长时间不用时，用干净的棉布包好放在阴凉湿润处保存即可。

3. 金屋藏娇。独山玉摩氏硬度 6 ~ 6.5，不要与硬度高于它的珠宝首饰如钻石、红蓝宝石等摩擦，佩挂件不用时，最好是单独放进首饰袋或首饰盒内，以免擦花或碰损。

4. 不施铅华。尽量避免与香水、化学试剂液、肥皂和人体汗液接触。众所周知，汗液带有盐分、挥发性脂肪酸及尿素等，独山玉接触太多的汗液，又不即刻抹拭干净，即会受到侵蚀，使外层受损，影响本有的鲜艳度。

5. 遮天蔽日。独山玉要避免阳光、强光源长期直射，因为玉石遇热膨胀，分子体积增大，会影响玉质发生微量变化。

6. 相濡以沫。独山玉要保持适宜的湿度，玉质要靠一定的湿度来维持，若周围环境不保持一定的湿度，很干燥的话，玉里面的天然水分就容易蒸发，从而损害其收藏价值。

第五节 独山玉作品赏析

一、独山玉《青山叠翠》

图8-15 独山玉《青山叠翠》正面

独山玉山子雕刻经过近十几年的发展，已独具风采，成为玉器百花园里的一朵奇葩，也是独山玉藏家们的首选。玉雕大师们一直在积极探索独山玉山子雕刻的各种可能，题材内容方面涉足广泛，历史典故、唐诗宋词、田园屋舍、山乡水郭……皆纳入其中。手法表现上从过去大破形到现在就形保形，从全面写实到兼顾写意，以最大限度尊重原料为前提，顺色立意，依形就势，力求符合当代人的审美情趣，体现简约美，朴素美，提倡少雕、不雕，着重点在意境营造、人文情怀表达上。

图8-16 独山玉《青山叠翠》局部

所谓"顺色立意，依形就势"，"顺"就是顺应原石的天然色彩进行立意构思，"依形就势"就是依附原石自然形态巧做布局。《青山叠翠》就是在这一创作理念指导下完成的一件作品。天蓝绿色是独山玉中比较名贵的品类，它因色正、色浓、色艳而珍贵，具有较高的市场价值和收藏价值。作品多色共生，渐变晕染，色彩浓郁，宛若油彩画。作者尊重自然，师法自然，顺应色彩纹路，最大限度地保留了原料的形体肌理，保持原石的风貌，以局部精雕来打动观众，颇有"四两拨千斤"的艺术效果。作品保留大块天蓝原石做远景山崖，绿白料雕刻小桥流水，一叶轻舟，翠竹茂盛，一人骑马奔赴美好前程，酱红色的梅花开在山间，河边的翠竹随风摇曳，远处几座城楼，砖瓦线条清晰，精湛的雕刻手法随处可见。

图8-17　独山玉《青山叠翠》背面

作品雕刻岁寒三友的寓意是：松象征常青不老、竹象征君子之道、梅象征冰清玉洁。松是百木之长，经冬不凋；竹，清高而有节，宁折不屈，开怀大度；梅花凌寒独放，常被用于文人画中，象征君子的高风亮节。同时雕刻"一人骑马"寓意前程似锦。作品恢宏大气，层次分明，寓意吉祥，为收藏佳品。

二、独山玉《大业有成》

图8-18 独山玉《大业有成》正面

春生桑叶，夏有菩提，红枫秋色，霜叶满地……叶子的题材其实已经流传了很久，但却一直在不断地传承创新，也说明了人们对它的认可。佛语云：一叶一菩提。由一物而知万物，由一叶而窥全木，一片独山玉叶虽看着简单，却也禅意悠扬。

玉雕的树叶是"金枝玉叶"这个词的真实写照，不过见得虽多，雕刻起来却不是那么容易。比如叶子的脉络、比例、形状，都考验玉雕师对叶子的了解程度。将一片飘落的叶子赋予了生命，是作品难度所在，也是美感所在。如果叶脉与形状的线条处理得不好，雕刻出来的叶子就会显得生硬、呆板，缺少灵动的美感。雕刻叶子对玉石的质地要求很高，玉质好、瑕疵少，做出来的叶子才能灵动有生机。

当然玉叶题材能够一直经久不衰的原因远不止于此，它身上蕴含的美好寓意也是很重要的。"叶"谐音"业"，寓意事业有成、安居乐业。西方哲学家说"世界上没有两片相同的树叶"，就像人一样，每片叶与每个人，都是独一无二的。雕刻在珍贵的玉石上，也代表了佩戴之人的个性。叶子通常代表生命力，玉雕叶子不会凋谢，有生机勃勃、万古长青、充满活力的美好寓意。送老人是祝健康长寿，送友人是祝愿友谊长存。一片简单的叶子，承载了春夏秋冬四季祝福。

图8-19 独山玉《大业有成》局部

在我国，螳螂也是一种常见的玉雕题材，它寓意活力四射、兴旺发达，又有"家和万事兴"的美好寓意。"金玉满堂堆长廊"，钱多到没地方放，要堆到外面的走廊上去的地步，从谐音上来讲，玉雕螳螂还有家财万贯之意。

如意造型大多是采用祥云和灵芝。灵芝具有强身健体、延年益寿的功效，祥云有吉祥驱邪的寓意，灵芝跟祥云结合在一起，寓意健康长寿，驱邪避灾。每个人都希望自己健康长寿，而如意刚好表达了人们的诉求，人们希望通过佩戴如意雕件可以护佑自己健康长寿。

图8-20　独山玉《大业有成》背面

作品采用整块独山玉天蓝料原石一体雕刻，天蓝料巧雕出一片深绿色的大叶子，褐色叶柄上立体雕刻出一只斗志昂扬的螳螂，大叶子背面雕刻如意造型。作品用料考究，巧夺天工，创意独特，寓意丰富，可作为馈赠亲友之佳品。

三、独山玉《仕女》

图8-21　独山玉《仕女》正面

　　"仕女"一词起源于唐朝，一开始指的是官宦人家的女子，后来泛指聪慧美丽的女子。在古代，关于"仕女"的创作都是美的表达，例如诗词、画作等等，玉雕创作也不例外。在玉雕创作中，"仕女"的原型一般有两种：其一是古人所作的仕女图，其二则是敦煌莫高窟壁画中的仕女人物。

图8-22　独山玉《仕女》局部

　　仕女身材婀娜、头挽高髻，发型整理得一丝不苟，象征着贵族女子的端庄大气。其面容清丽，柳叶弯眉，细长双眼，眼睑低垂，朱唇紧闭，耳垂丰满，颈戴项链，尽显女性的恬静之美。仕女所着的衣服也带着点飘逸感，上着低领长衫，下着拖地长裙。从着装到配饰，无一不体现仕女的雍容华贵气质。

图8-23 独山玉《仕女》背面

　　作品用料奇巧，创意臻妙，线条流畅，白料雕刻仕女人物，黑料依形作为山势背景，造型简单，主题突出。人物面部表情自然生动，头发纹丝不乱，颈部着珍珠项链，手部动作温文尔雅，衣衫飘逸，及地长裙与浮雕景物融为一体，栩栩如生，仿佛一位温柔端庄的窈窕淑女正向我们走来。

四、独山玉《花开富贵》

图8-24 独山玉《花开富贵》正面

自古以来，中国人就尤为喜欢花卉绿植，于是自然界中的各类美丽花卉不仅被移植到了人们的庭院之中，还被刻画在了玉雕作品中，而在玉雕艺术中，又尤以牡丹最受青睐。要说牡丹花的寓意，还要先从牡丹花的外形开始讲起。我们都知道牡丹的花朵硕大而美丽，其花瓣层层叠叠，不单拥有九大色系，按照花瓣的结构还可以分为十大花型，不管是单独存在还是团聚簇拥，都给人一种瑰丽雍容之感，十分具有观赏价值。

　　牡丹花还有国泰民安、吉祥富足的寓意。所以在世人心目中牡丹花拥有崇高的地位，"牡丹有王者之号，冠万花之首，驰四海之名，终且以富贵称之"（清代赵世学《牡丹富贵说》）。

图8-25　独山玉《花开富贵》局部

图8-26 独山玉《花开富贵》背面

　　作品采用独山玉天蓝酱色浸染原料，玉料水头足，油润细腻。作者最大限度地保留了玉料的天然形貌，依势造型，精细雕琢出清丽春景，韵致温和，素净立体。石上白色牡丹花瓣层层叠叠，酱色树叶自然舒展，叶脉清晰可见。几只小鸟闻香而来，在枝上自在啼鸣。下部天蓝色玉料雕刻树根，树皮年轮纹路清晰逼真。作品俏色自然，技法圆融纯熟，精细典雅，摘色巧妙，构图唯美，实属佳作。

五、独山玉《松月听涛》

图8-27 独山玉《松月听涛》正面

山子是玉雕的传统品类，表现题材多为山水人物，和传统绘画有着异曲同工之妙。独山玉色彩丰富多变，一块玉料上多色共生，用来制作山子可以说有着得天独厚的便利条件，能够最大限度还原大自然的真实景象。作品用料考究，精选独山玉天蓝原料，质地细腻，色彩沉稳明艳，多色并存，为独山玉原料多色共生的典型。

图8-28 独山玉《松月听涛》局部

　　放怀天地外，得气山水间。千里烟波，大江东去，春暖花开，草长莺飞，心似白云，意如流水。这是一种无拘无束的胸怀，一种左右逢源的人生佳境，拥有了这种情怀，就能超然于名利纷争之外，内心无牵无挂，开阔空明，就有了欣赏天地间美景的心情，就有了一双灵动的眼睛，去发现美，欣赏美。

图8-29　独山玉《松月听涛》背面

　　作品上半部天蓝玉料保持原石本色，雕刻出峰峦叠嶂，翠绿松林郁郁葱葱，亭台楼阁点缀其间。下半部绿白玉料雕刻出云雾缭绕，两位好友漫步在绿水青山之间，一只乌篷小船飘摇在江面，看江花似火，碧水如蓝，听涛声依旧。让人不禁浮想联翩，仿佛也置身其中，感受大自然的鬼斧神工。

六、独山玉《荷韵》

图8-30 独山玉《荷韵》正面

　　读周敦颐《爱莲说》、朱自清《荷塘月色》，久慕芙蓉风骨，甚爱莲花高洁。荷花之美，美在其恬静。亭亭净植，闲花照水，乃荷独特神韵；不枝不蔓，中通外直，乃荷简约之形。欧阳修说："飞动迟速，意浅之物易见，而闲和严静，趣远之心难形。"此静之难摹也。

图8-31　独山玉《荷韵》背面

　　黑与白这两种色彩是中国水墨画最本质的、最具特色的语言之一，它是一个民族的审美取向，它体现着民族文化的深刻内涵，黑与白的效果，在气质上正与荷花的内涵相契合，正应了老子的"大道至简"的至理名言。通过黑与白的鲜明对比，疏与密的相互映衬，动与静的和谐呼应，意与象的融会贯通，营造出自然和谐的美好意韵，将物象精神和形态美有机融合，通过意和境、气和韵的交融，以画面的生趣、天趣来呈现出一个"纯"自然的景象。黑与白常相伴，你中有我，我中有你，就像太极图中的阴与阳，既是矛盾的对立，又是和谐的统一。它们互相对照产生强烈的反差，引人注目，震撼人心。

　　作品以独山玉黑色料子巧雕擎盖如伞的荷叶，以白色玉料巧做一朵盛开的白莲花，随形巧雕，气韵优美，对比鲜明，恰到好处，沉静雅致，纯净怡人。白荷花上配之以蜻蜓，动静有致，巧做点缀，生动活泼，富有田园气息，令人如沐四溢的荷香清风。

七、独山玉《兰静春风》

图8-32 独山玉《兰静春风》正面

兰，为草却不平庸，无骨却不屈弱，生于幽谷却从不自弃，故被誉为"花中君子"，寓意人格高尚、德才兼备。自古以来，丹青妙手为之泼墨挥毫，文人墨客也为其吟咏歌颂。孔子曰"芝兰生于幽谷，不以无人而不芳；君子修道立德，不为穷困而改节"。卓而不骄，逊而不俗，兰花是一种艺术，一种情怀，一种精神。

　　玉中的兰花，依旧高雅、高贵、卓尔不群，拥有美好的外形与内质。叶片瘦硕交错，花枝修长摇曳，花朵优雅绽放，一种诗情画意油然而生。一幅美好的幽兰图在玉上铺展开来，玉质细腻亮泽，颜色浓淡相间，相得益彰。玉中的兰花，有时仅需一片飘逸的叶片，就可以将其古朴幽雅表现得淋漓尽致；有时花苞绽放，便有凤蝶闻香而来，线条细腻柔和，造型轻巧灵动，似有兰香扑鼻而来；有时玉石稍带皮色，玉雕师也能通过巧思，雕刻出古朴自然、清雅幽洁的兰花。

图8-33　独山玉《兰静春风》背面

　　作品充分汲取中国花鸟画精髓，以优质黑色独山玉雕琢太湖石，绿白色独山玉巧雕高洁的兰草，酱色独山玉雕琢一只栩栩如生的蝴蝶，形成一幅生机勃勃的立体画面；黑色太湖石的孔洞转折和表面的肌理处理，不仅贴合着太湖石"透瘦漏皱"的审美特质，更打破了大面积黑色带给人的沉闷单调感，使作品呈现出灵动的气韵。顺色立意，随类赋彩，使内容与形式完美融合，作品折射出浓浓的文人气质。作品工艺精湛，主体兰草叶脉穿插布局，呼应开合自有法度。雕工精湛，刀法利落，似有传统文人写意笔法，中锋运腕，一气呵成，挺拔潇洒，颇有蕙质兰心的骨法气度。

八、独山玉《拽》

图8-34　独山玉《拽》正面

黑白独山玉圆雕作品《拽》是一件充满童趣的作品，黑白料独山玉，完美的俏色，传神的刻画，将我们带回到那遥远而亲切的童年。作品表现了孩童学骑自行车的一个瞬间，用玉料的白色部分雕刻孩童的手和脸，一只手插裤兜，一只手扶车把，露出手表，背靠一辆黑色二八自行车，一脚撑地，双眼眯起，嘴角带笑，一副志得意满的骄傲神情，散发着浓郁的乡土气息。那个时代的孩子仿佛没有烦恼，尽管穿着粗布棉袄，脸上却洋溢着幸福的微笑。作者依色赋形，俏色妙用，重点突出了孩童丰富的表情。黑色的棉袄和二八自行车洋溢着浓浓的温馨和怀旧的色彩，人物的动作与神情塑造非常成功，自信张扬的性格跃然石上。

图8-35　独山玉《拽》局部

　　鲜明的时代印记，顽皮的微笑，悠然自得的动作，天真活泼的本性，营造出浓厚的生活气息。让人们感受到如蓓蕾初放般的生命力，仿佛又回到了色彩斑斓的童年时代。在那个物质贫乏的年代，能拥有一辆二八自行车和手表，是多么让人向往的一件事，但对大多数的人来说，在当时又是那么遥不可及。童年，童稚，童真，童趣，池塘抓鱼，爬树摘橘子，跳皮筋，掏麻雀，玩弹弓，过家家，每一个点滴都会牵着人们的思绪回到童年生活中。

图8-36　独山玉《拽》背面

九、独山玉《寒梅傲雪》

图8-37　独山玉《寒梅傲雪》正面

　　梅花被誉为花中"四君子"之首，也是"岁寒三友"之一，其所处环境恶劣，却仍在凌厉寒风中傲然绽放于枝头，是中华民族最有骨气的花，是民族魂的代表。梅的傲骨激励着一代又一代的中国人不畏艰险、奋勇前进、百折不挠。"待到山花烂漫时，她在丛中笑"，它的品格与气节就是民族精神的写照。

　　"梅花香自苦寒来"，经历严寒，早春开放，五片花瓣，有粉、红、白等颜色，有传春报喜的吉祥象征，属于长寿花卉。梅花品格高尚，铁骨铮铮，不怕天寒地冻，不畏冰袭雪侵，不屈不挠，昂首怒放，独具风采。

　　梅具四德：初生蕊为元，开花为亨，结子是利，成熟时为贞。梅花的五瓣花瓣代表着五福齐全，是快乐、幸福、长寿、顺利、和平的象征。几千年来，人们对梅花宠爱有加，"万花敢向雪中出，一树独先天下春"，"遥知不是雪，为有暗香来"，诗文中丝毫不吝对梅花的赞美。

图8-38　独山玉《寒梅傲雪》局部

　　作品采用整块的黑白透水独山玉雕刻而成，大面积黑色镂空雕成太湖石，奇绝精巧，透水白玉料雕刻寒梅傲雪，洁白无瑕，水润欲滴，玲珑剔透，润白的梅花与太湖石相依，含苞待放的花蕾清新自然，宛如一位正值华年的妙龄女子倚石沉吟，丰姿绰约，令人心旷神怡。黑色喜鹊嬉戏于梅花枝头，同时又寓意喜上眉梢，生动喜人。整件作品构思巧妙，玉质水润晶莹，色泽沉稳细腻，肌理纹路优美，抛光后呈现出玻璃般的油润光泽，清新脱俗，极具抒情韵致。作品用料考究，造型典雅，完美呈现出独山玉的独特魅力，让人顿觉冰润靓丽，光彩照人。

图8-39　独山玉《寒梅傲雪》背面

（十）独山玉《鹤骨松姿》

图8-40 独山玉《鹤骨松姿》正面

　　松树旺盛的生命力、耐寒常青的生物特性与文人道德品性的修养、理想人格的塑造及长生的愿望相契合，在中国文化里有特殊的寓意。

　　松树四季常青，具有耐寒、生命力强等生物属性。但姿态却是千变万化，保留在历史文物器皿或书画里的青松是神奇的，是中国人的共同记忆，具有独特的文化审美意蕴。松树也是玉雕师乃至广大玉石雕刻爱好者心中的理想题材，是寄托了生命、道德等人生价值的一种符号和意象。

图8-41　独山玉《鹤骨松姿》局部

　　松树具有阳刚之美，松树的枝干更是具有柔中带刚的特征。松树是中国人心目中的吉祥树，是常青不老的象征；松树代表着坚强不屈，不怕困难的精神。

图8-42 独山玉《鹤骨松姿》背面

作品采用俏色创意雕刻，青翠的独山玉天蓝料极为贴合松树浓郁长青的自然特征，即采用独山玉中上等天蓝原料，天蓝主色翠色欲滴，深沉内敛，设计师顺色立意，依形就势，上半部雕琢以巍峨高耸的松树，巨大的树冠郁郁葱葱，利用自然色彩渐变，表现出不同光线照射下松树的色彩深浅变化，富有层次感。下半部绿白料雕刻出粗壮的树干，还有几只仙鹤藏于松树林中，两位诗人在树下一躺一坐，祥云缭绕，悠哉乐哉，诗情画意，耐人寻味。

（十一）独山玉《江山如画》

图8-43　独山玉《江山如画》正面

黑白独山玉原料价值与独山玉天蓝料和粉红料相比较低，不过，好的白色独山玉洁白无瑕，白如凝脂，可以与和田玉媲美。黑色独山玉黑如墨玉，油润光亮，黑白混合在一起成为"黑白料"，黑白料的巧妙运用，往往会达到化腐朽为神奇的一鸣惊人效果。独山玉黑白料的设计题材有荷塘月色、高山流水、静听涛声、渔舟唱晚等，设计要兼顾观赏性、可操作性、合理性，最重要的是尽可能使设计图案符合时代审美特点和视觉美感。

图8-44　独山玉《江山如画》局部

　　黑白料雕刻技法上，一般有浅浮雕、中浮雕、深浮雕、阴刻线、薄意等，黑白料的特点决定了技法的使用，不同颜色用不同的技法来体现不同的效果，如浅浮雕可以很好地表现层次，达到整体的透视效果，而薄意可以给人云雾缥缈的感觉。

　　作品采用"虚实相生"的手法，以白色为底，黑色为点缀，黑色玉料采用浅浮雕描绘远景，群山耸立、连绵起伏。近景雕刻出小桥流水、村屋民舍、苍松劲柏，与中国的水墨画有异曲同工之妙。巧妙地运用黑白分明的颜色特点，营造出空灵的意境。有时甚至让人辨别不清它到底是一幅水墨画，还是一件独山玉作品。

图8-45·独山玉《江山如画》背面

（十二）独山玉《九龙晷》

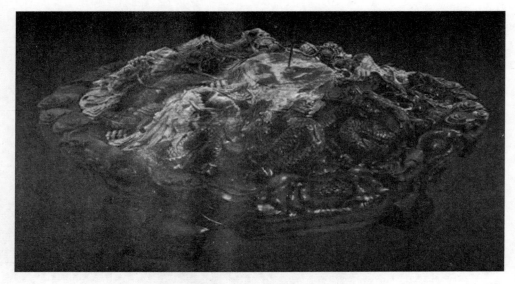

图8-46　独山玉《九龙晷》

1999年12月20日澳门回归，是20世纪末中国的一大盛事，意义重大，世人瞩目。为了表达河南人民喜迎澳门回归之情，为了庆祝澳门特别行政区政府成立，河南省政府选定南阳独山玉雕《九龙晷》作为赠送澳门的礼物。南阳拓宝玉器有限公司吴元全大师率领公司团队经过9个多月的辛勤努力，终于圆满地把《九龙晷》雕刻完毕。

该作品设计风格新颖、构思独特，巧妙利用独山玉特有的各种色彩，采取多种艺术表现形式和雕刻手法，使这件作品线条流畅，形神兼备，气势雄伟，颇具匠心。九条盘龙形态、色彩各异，相互缠绕，形象生动，栩栩如生。龙是中华民族的图腾，是自强不息、奋发进取的民族精神的象征。"晷"即"日晷"，是我国古代按照日影测定时刻的仪器。九条盘龙环绕日晷，表明华夏儿女紧密团结、和睦相处，同时有九九归一之意。整幅作品寓意民族团结、国家昌盛、祖国统一，表现了河南人民喜迎澳门回归之深情。其精湛的艺术水平、丰富深邃的文化内涵，得到了国务院和澳门特别行政区政府的高度赞扬。

（十三）独山玉《西域风情》

图8-47　独山玉《西域风情》

南阳独山玉作品《西域风情》被中国国家博物馆收藏，彰显了南阳玉雕技艺的高超水平。该作品以西藏牦牛为主题，巧妙利用独山玉颜色丰富的特点，采用了俏色雕刻工艺。上部选用黑褐色玉料雕刻栩栩如生的牦牛，下部的白色玉料雕刻为白雪皑皑的雪域高原。中国国家博物馆的相关人员看到该作品非常震撼，认为作品充分展现了西域高原的壮美景色，也充分展示了祖国繁荣昌盛、民族团结的大好局面。

《西域风情》作者为南阳市拓宝玉器有限公司玉雕设计师仵孟超。他从小酷爱美术及古典文学，尤其对雕刻有浓厚的兴趣，从业30余年来，他刻苦钻研玉雕技艺，获得了南阳市拔尖人才、河南省技术能手、高级工艺美术师、中国玉石雕刻大师等荣誉称号。其作品设计大胆细致、题材丰富、大气磅礴，每件作品均有创新和亮点，突出了"俏、雅、文、细、灵"的特点。他曾参与设计河南省政府赠送澳门特别行政区成立贺礼南阳独山玉《九龙晷》，获河南省政府创作设计奖。主持的大型珠宝玉石组合浮雕画《清明上河图》项目获河南省科技进步奖三等奖、南阳市科技进步奖一等奖。独山玉作品《江山如画》于2011年被中国工艺美术馆收藏。

参考文献

［1］江富建.独山玉史前史的文化内涵研究［J］.农业考古，2009（01）：21-26.

［2］王建中，江富建，等.南阳黄山遗址独山玉制品调查简报［J］.中原文物，2008（05）：4-9.

［3］刘国旭，江富建.南阳黄山遗址优越的农耕环境与独山玉文化研究［J］.农业考古，2009（01）：16-20.

［4］江富建.黄山遗址——独山玉雕"第一村"［J］.文史知识，2008（05）：97-101.

［5］马俊才.河南南阳黄山遗址［J］.大众考古，2020（12）：12-15.

［6］张莹莹.河南南阳黄山遗址："一眼史前三千年"考古奇观［N］.中国文化报，2022-06-16（008）.

［7］江富建，周世全，王建中."渎山大玉海"玉质探析［J］.南阳师范学院学报（社会科学版），2005（02）：117-124

［8］于平.渎山大玉海科技检测与研究［M］.北京：科学出版社，2020.

［9］廖宗廷，赵娟，周祖翼，朱静昌.南阳独山玉矿的成矿构造背景及成因［J］.同济大学学报（自然科学版），2000（06）：702-706.

［10］叶朋，黄素兰，刘国飞.独山玉特征及矿床成因分析［J］.黑龙江科技信息，2009（20）32+171.

［11］江富建.独山玉岩石学特征分析［J］.信阳师范学院学报（自然科学版），2005（03）：285-288.

［12］江富建，赵树林.独山玉文化概论［M］.武汉：中国地质大学出版社，2008.

［13］张蓓莉.系统宝石学［M］.北京：地质出版社，2006.

［14］珠宝玉石 鉴定（GB/T16553-2017）［S］.全国珠宝玉石标准化技术委员会，2017.

［15］珠宝玉石 名称（GB/T16552-2017）［S］.全国珠宝玉石标准化技术委员会，2017.

［16］常丽华，陈曼云，金魏.透明矿物薄片鉴定手册［M］.北京：地质出版社，2006.

［17］李建军，刘晓伟，程佑法.红外光谱在宝石学中的应用实例［M］济南：山东人民出版社，2015.

［18］V.C 法默.矿物的红外光谱［M］.北京：科学出版社.1982.

［19］刘佳，杨明星，狄敬如，何翀.一种独山玉相似品的矿物学特征［J］.宝石和宝石学杂志，2018，20（01）：26-36

［20］彭文世，刘高魁.矿物红外光谱图籍［M］.北京：科学出版社，1982.

［21］曹颖春，李萧，邢玉屏.矿物红外光谱图谱［M］.北京：科学出版社，1982.

［22］杨春，张平，张琨.湖北巴东绢云母玉的宝石学研究［J］.资源环境与工程，2009（02）：74-78.

［23］王璐，狄敬如.中国河南独山玉和菲律宾独山玉中主要矿物的谱学特征［J］.宝石和宝石学杂志（中英文），2021，23（02）：38-45.

［24］王小莉，郭俊刚，马驰，王守敬.一种伊利石仿独山玉的宝石学研究［J］.矿产保护与利用，2018（06）：70-76

［25］孟珂，罗勇，江富建，杜晓冉，王真，顾茗心，罗娟.一种仿独山玉的宝石矿物学特征［J］.矿物学报，2017，37（03）：342-346

［26］何雪梅，薛源，蒋文一，赵海平.独山玉颜色成因分析［J］.岩石矿物学杂志，2014，33（S1）：69-75.

［27］岩石分类和命名方案变质岩岩石的分类和命名方案（GB/T17412.3-1998）［S］.中华人民共和国地质矿产部，1998.

［28］独山玉 命名与分类（GB/T31432-2015）［S］.全国珠宝玉石标准化技术委员会，2015.

［29］独山玉饰品质量等级评价（DB41/T1435-2017）［S］.河南省珠宝玉石标准化技术委员会，2017.

［30］独山玉鉴定与原料分级（DB41/T2282-2022）［S］.河南省珠宝玉石标准化技术委员会，2022.

［31］张蓓莉，陈华，孙凤民.珠宝首饰评估［M］.北京：地质出版社，2018.

［32］张克钊. 南阳独山玉雕的工艺特点与审美价值分析［J］. 天工，2020（05）：62-63.

［33］张珂，蔡士泽. 基于独山玉多色性的玉雕设计研究［J］. 艺术与设计（理论），2021，2（05）：135-137.

［34］李新珂. 镇平玉雕"口诀心法"中的语言特质与审美情趣探究［J］. 郑州轻工业大学学报（社会科学版），2022，23（02）：85-92.

［35］玉雕制品工艺质量评价（GB/T36127-2018）［S］. 全国珠宝玉石标准化技术委员会，2018.

［36］茹少峰，刘畅，李雪，李莉，李慢如，等. 独山玉产业链研究［J］. 现代商贸工业，2014，26（20）：57-58.

［37］仵孟超. 独山玉设计雕刻工艺探究［J］. 天工，2019（09）：106-107.

［38］孟珂. 浅谈独山玉文化产业的可持续发展［J］. 科协论坛（下半月），2011（05）：147.

［39］岳紫龙，曾昭阁. 朴厚规整、刚劲柔美——宛派玉雕艺术风格探析［J］. 艺术科技，2017，30（06）：30+146.

［40］张明法. 玉雕的分类及历史意义［J］. 天工，2017（01）：22-23.

［41］吴月. 探究独山玉申请国家标志保护产品的必要性［J］. 天工，2020（04）：118-119.

［42］周国虎. 南阳独山玉雕审美价值研究［J］. 文物鉴定与鉴赏，2020（02）：44-45.

［43］李维翰. 点影成趣：当代玉牌画影表现新颖的"妖神"［J］. 天工，2016（01）：15-17.

［44］钱舜. 南阳独山玉产业现状与产品开发策略［J］. 合作经济与科技，2013（14）：28-29.

［45］刘晓强. 明珠璀璨耀玉乡——浅析独山玉收藏日趋升温的原因［J］. 中国宝玉石，2003（03）：56-57

［46］王学敏. 如何收藏一件优秀的独山玉作品［J］. 中国宝玉石，2019（04）：140-145.

［47］岳紫龙，江富建，冯玉全，罗勇，高艳利. 独山玉的鉴别与收藏［J］. 科技视界，2015（03）166+298.

［48］王笑梅. "一带一路"背景下南阳珠宝玉石旅游产品开发研究［J］. 西部皮革，2018，40（19）：121-123.

［49］王笑梅.“一带一路”倡议下南阳珠宝玉石产业发展对策［J］.宝石和宝石学杂志，2018，20（06）：58-64.

［50］薛天空.独山玉雕刻工艺浅议［J］.天工，2017（06）：124-125.

［51］刘晓强.独山玉的鉴赏与收藏［J］.中国宝玉石，2007（04）：100-101.